内航海運概論

畑本 郁彦・古莊 雅生 共著

成山堂書店

はしがき

　一般に「ないこうかいうん」と聞いて思い浮かぶのは、どんな漢字であろうか。「ないこう」とパソコンに入力すれば、上位には「内向」という漢字が出てくるだろう。また、「かいうん」と入力すれば、「開運」がでてくるのであろう。このように「内航海運（ないこうかいうん）」とは、日常的にほぼ変換する機会のない、聞き慣れない言葉なのである。それを一発で変換できるのは、海事関係者ぐらいであろう。そして、その「かいじ」ですら、イメージできる人は多くないであろう。

　私の父は、伯父が船主であり船長であった小さな内航船（総トン数 199 トンクラス）の機関長だった。幼いころはよくその船に泊りに行っていたが、大人になるにつれ、その機会も減っていった。父はほとんど家に帰ることもなく、その仕事内容も分からなかった。ただ、父が「船乗り」である、という認識しかなく、それが「内航海運」という業種であるということを知るのは、まだ先のことである。

　中学を卒業後、商船高等専門学校へ進学した。その理由は、船乗りになるためではなく、短大卒の学歴がつくことと、就職に有利であるというこの 2 点であった。船の推進力を担う機関科を選択し、卒業後は結局外航海運の船員となった。しかし、このときもまだ「内航海運」が何かを知らなかった。

　その後、船員を一旦辞めたのちに、内航海運の業務に携わる機会があり、2012（平成 24）年からは神戸大学大学院にて内航船の安全管理体制構築に関する研究を進めた。また、同時に内航船員として再び船での経験も積むことができた。そこで得た内航海運に関するさまざまな情報や経験は、幼かった私が知り得なかった内航海運の実情や課題を浮き彫りにした。

　本書は、神戸大学大学院 古荘雅生教授指導のもと完成させた博士学位論文『内航船の安全管理体制構築に関する研究』を書籍化したものである。書籍化に当たり、できる限り内航海運全体について理解できるよう多くの写真や図を加え、大幅な加筆・手直しを行った。また、新型コロナウイルスの影響により出版時期が遅れたため、2020 年 9 月及び 10 月に取りまとめられた船員の働き方改革等や今後の内航海運の方向性についても内容に加えることとなった。

　本書が、内航海運を理解するための参考書となれば幸いである。

2021 年 1 月

筆者代表　畑本郁彦

contents

第 1 章

内航海運とは

1.1 内航海運は国内海上貨物輸送

　海上運送は、船舶を用いて人や物を運ぶことであり、「海運」と略されている。海運には、当然のことながら出発地と目的地がある。出発地と目的地の両方が国内の港である場合を「内航海運[1]」といい、出発地と目的地の両方または片方が国外にある場合を「外航海運」という。

　海運は、運ぶものによって使用する船舶の種類が大きく２つに分かれる。人を運ぶ船舶を「旅客船」、物（鋼材、セメント、石油、コンテナなど）を運ぶ船舶を「貨物船」という。

　本書では、主にこの「貨物船」を用いた「内航海運」について概説していく。つまり、一般的な「内航海運」は、「人と物を運ぶ」広義の意味の内航海運であるが、本書で取り上げる「内航海運」は、物（貨物）だけを輸送する狭義の「内航海運」であり、「国内海上貨物輸送」とも定義できる。

図1.1　内航海運の航路のイメージ

---

1 内航運送を業として行うことについて定めた内航海運業法は、「内航運送」を「船舶による海上における物品の運送であって、船積港及び陸揚港のいずれもが本邦内にあるもの」（内航海運業法 第2条第1項）と定義している。

　「内航海運業」とは、船舶を用いて、国内の港から港へ貨物を海上輸送する事業をいう。ただし、国内の海上輸送であっても旅客船や漁船による輸送は、「内航海運業」に該当しない。

　「旅客船」は、海上運送法の中で「13人以上の旅客定員を有する船舶」と定義されている。このため、たとえば大型の旅客船などは、人の輸送とあわせて貨物（コンテナなど）の輸送を行うことがあるが、この場合、法律上は旅客船による輸送であり、「内航海運業」には該当しない。

　同様に、長距離のフェリーも実質的には貨物輸送の割合が大きいが、法律上は旅客船による輸送となる。

写真提供：オーシャン・トランス

写真1.1　内航の長距離フェリー。旅客船の分類となる。

1.2 | 内航海運の分類

　内航海運は、公表された日程表に従って船舶を運航させる「定期航路事業」とそれ以外の「不定期航路事業」に分類される。

（1）定期船

　定期航路とは、あらかじめ決められた港・日程に従って船舶が定期的に航海する航路をいい、この航路に就航する船舶を「定期船」という。

　主に、一般の貨物（機械や雑貨など）を対象としており、公表された航海日程に従い、運賃表に定められた運賃によって、貨物を輸送する。

写真1.2　LPG船。燃料等の輸送にも大きく寄与する。

（2）不定期船

不定期航路とは、航行する期日や寄航地などが一定していない航路をいい、荷主の要望に合わせて、航海の起点、寄港地及び終点の間で貨物を運ぶ船舶を「不定期船」という。

写真提供：双栄海運
写真1.3 セメント専用船

主に鉄材、石灰石、セメント、穀物などのばら積貨物を対象としており，運賃は貨物量と船腹量の需給関係によって決まる内航海運の多くは不定期船である。

1.3 内航海運の役割

国内の貨物輸送には、船舶を使用した海上輸送である内航海運のほかに、自動車や鉄道を用いた陸上輸送、そして飛行機などを用いた航空輸送がある。

これらの輸送機関別の輸送量を比較すると、2018年度の国内の貨物輸送量では、内航海運が35,445万トン（7.50%）、自動車が432,978万トン（91.59%）、鉄道が4,232万トン（0.90%）であり、航空は92万トン（0.02%）であった。

また、これらの輸送機関が貨物を運ぶ平均距離は、内航海運が505km、自動車が49km、鉄道が458km、航空が1,062kmであり、内航海運は、平均で自動車の10倍以上の距離を輸送している。

写真1.4 国内の物流量の大半を占めるトラック輸送（左）。内航海運（右）の平均輸送距離はトラックの10倍以上

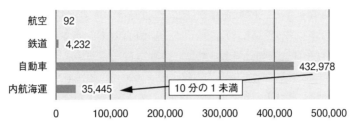

出典：日本内航海運組合総連合会 『令和2年度版 内航海運の活動』

図1.2　輸送機関別輸送量（2018年度）（単位：万トン）

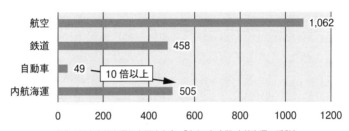

出典：日本内航海運組合総連合会 『令和2年度版 内航海運の活動』

図1.3　輸送機関別平均輸送距離（2018年度）（単位：km）

　このように輸送量と輸送距離では、それぞれの特色によって自動車と内航海運で大きな差がある。しかし、これでは、それぞれの輸送機関がどれだけ国内の貨物輸送に貢献（活動）しているかを比較することができない。このため輸送活動を示す指標として、輸送した貨物の重量（トン）にそれぞれの貨物の輸送距離（キロ）を乗じた輸送活動量（トンキロ）が用いられている。

　2018年度の各輸送機関の輸送

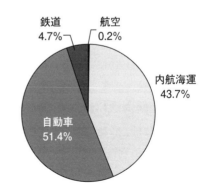

出典：日本内航海運組合総連合会
『令和2年度版 内航海運の活動』

図1.4　輸送機関別輸送活動量の割合
（2018年度）（トンキロベース）

活動量を比較すると、内航海運が 472,747 百万トンキロ（43.7％）、自動車が 210,467 百万トンキロ（51.4％）、鉄道が 19,369 百万トンキロ（4.7％）、航空が 977 百万トンキロ（0.2％）であった。

このようにしてみると、国内貨物輸送のシェアは、短距離少量輸送の自動車輸送と長距離大量輸送の内航海運という 2 つの輸送方法が全体の 9 割以上を占めており、国内における貨物輸送の主役は自動車と内航海運である。

1.4 内航船の大きさ

内航海運に使用する船舶を「内航船（ないこうせん）」という。内航船の大きさは「トン数」という単位で表される。トン数には総トン数、載貨重量トン数、排水トン数などがあるが、総トン数が船の大きさを表す。トンとつくが、これは船そのものの重さを表しているわけではなく、船の容積を基に算出している。

日本の内航船は、一般的に、１９９型（いちいちきゅう）（199 総トン）、４９９型（よんきゅうきゅう）（499 総トン）、７４９型（ななよんきゅう）（749 総トン）と、それ以上の船型に分けられる。499 型とは、499 総トン数（総トン数 500 トン未満で 499 トン前後）の船舶のことをいう。

199 型と 499 型は、どちらも内航海運における代表的な船型である。この 2 つの船型の隻数を合計すると、内航船の約 44％ となる。船舶職員及び小型船舶操縦者法の中で、船舶職員の資格が 200 総トン及び 500 総トンを超えると上級の海技免状が必要となることや、乗組員の定員要件が 500 総トン以上の船舶に比べそれ以下の船舶のほうが有利なことから、あえて 199 総トンや 499 総トンといった大きさで船舶を建造しており、隻数も多くなっている。

1.5 内航海運に使用される内航船

内航船には、貨物艙にさまざまな貨物を積載することができる「一般貨物船」と、積載する貨物に合わせて積載スペースや積み降ろしのための設備を有している「専用船」が存在している。また、原油などの液体貨物を運ぶためにタンクを設けている貨物船を、一般に「タンカー」と呼んでいる。ここでは、代表的な内航船を簡単に説明する。

（1）一般貨物船

　一般貨物船は、船内に貨物を積むための箱型の空間（貨物艙）があり、肥料や穀物、鉄鋼製品や新聞に使用されるロール紙など、さまざまな貨物を積むことができる貨物船である。

写真提供：成進海運

写真1.5　一般貨物船

貨物艙内の状況

図1.5　一般貨物船（イメージ）

（2）RORO（Roll on Roll off）船

　RORO船は、貨物を積んだトラックやトレーラー、乗用車などを運ぶ船である。RORO船には、これらの車両が通過するランプウェイ（斜路）を装備しており、車両は岸壁から自走してRORO船内に乗り込み（ロールオン）、また船から岸壁に降りる（ロールオフ）ことにより、荷役（貨物の積み降ろし）を行っている。このため、英語のROLL-ON ROLL-OFF（ロールオンロールオフ）を略してRORO船と呼ばれている。

写真1.6　RORO船と荷降ろしの様子。ランプウェイを降ろしてフォークリフトなどで荷役を行う

7

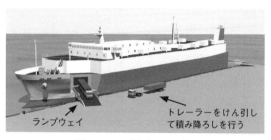

図1.6　RORO船（イメージ）

ランプウェイ

トレーラーをけん引し
て積み降ろしを行う

写真1.7　RORO船の内部（荷物を積んだトレーラー）

（3）コンテナ船

　コンテナ船は、コンテナと呼ばれる金属製の箱に貨物を入れて、そのコンテナを大量に運ぶ船舶である。コンテナの代表的なサイズには、長さ20フィートと40フィートがある。コンテナの積載量は、20フィートコンテナに換算するTEU（ティーイーユー）（Twenty feet Equivarent Unit）の単位が用いられている。

　コンテナ内には、電化製品や日用雑貨といったものから、産業廃棄物に至るまで、多種多様な貨物が積まれている。

写真1.8　コンテナ船

写真1.9　コンテナヤードとガントリークレーン

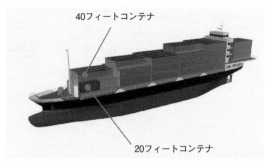

40フィートコンテナ

20フィートコンテナ

図1.7　コンテナ船（イメージ）

写真1.10　コンテナの積載状況

（4）タンカー

　タンカーは、液体貨物を積み込むためのタンクを船内に設けている船である。タンカーは、積み込む液体貨物の種類によって、タンクの構造、材質が異なる。タンカーの中でも高圧に耐えることのできるタンク、腐食に強い材料を使用したものなど、特殊なタンクを設けているタンカーは特に特殊タンク船と呼ばれる。

写真1.11　内航の油タンカーとLPGタンカー

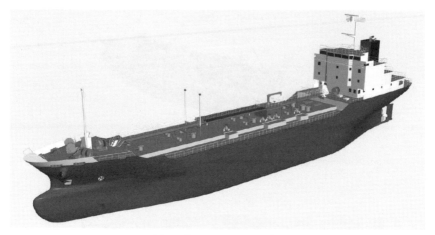

図1.8 油タンカー（イメージ）

写真1.12 特殊タンク内（アスファルト船）の状況（加熱のための配管が存在）

写真1.13 特殊タンク船（LPG船）

　表1.1 は、内航船をタンカーとそれ以外の船種に分けた隻数の経年推移であり、表1.2 は、内航船の総トン数の経年推移である。内航船は、2010（平成22）年から2020（令和2）年の10年間で384隻が減少している。一方で、合計の総トン数は増加しており、船舶の大型化が進んでいることがわかる。

表1.1　内航船の船種別の隻数状況（単位：隻）

船種	年月日	2010 年 3 月 31 日	2015 年 3 月 31 日	2020 年 3 月 31 日
タンカー	油送船	1,028	961	941
	特殊タンク船	331	296	288
タンカー 以外	その他貨物船	3,596	3,449	3,526
	自動車専用船	23	18	11
	セメント専用船	150	144	134
	砂・砂利・石材専用船	481	367	325
合計		5,609	5,235	5,225

出典：日本内航海運組合総連合会　『令和2年度版 内航海運の活動』

表1.2　内航船の船腹量状況（総トン数合計）

船種	年月日	2010 年 3 月 31 日	2015 年 3 月 31 日	2020 年 3 月 31 日
タンカー	油送船	778,642	983,285	950,572
	特殊タンク船	199,491	200,382	199,435
タンカー以 外	その他貨物船	1,711,142	1,780,643	2,145,665
	自動車専用船	104,809	88,678	45,130
	セメント専用船	393,443	404,204	388,963
	砂・砂利・石材専用船	277,814	229,077	211,433
合計		3,465,341	3,686,269	3,941,198

出典：日本内航海運組合総連合会　『令和2年度版 内航海運の活動』

1.6 内航船が運ぶ貨物の種類

　内航船が運んでいる貨物の輸送量を主要品目別にみると、石油製品、石灰石、製造工業品、鉄鋼等、セメント、化学薬品・肥料、砂利・砂・石材、自動車等、石炭、といった産業の基礎となる物資9品目が、輸送トンキロ、輸送トン数ともに88%のシェアを占めている。

表1.3　主用品目別内航輸送量（2018（平成30）年度）

区分／品目	輸送活動量 百万㌧	%	輸送量 万㌧	%	平均輸送距離 km
石油製品	39,334	22.0	7,652	21.6	514.0
石灰石等	34,009	19.0	6,551	18.5	519.1
鉄鋼等	21,276	11.9	4,325	12.2	491.9
製造工業品	20,407	11.4	2,869	8.1	711.3
セメント	18,241	10.2	3,512	9.9	519.4
特種品	14,978	8.3	2,995	8.5	500.1
化学製品・肥料・その他	11,047	6.1	2,183	6.2	506.0
自動車等	5,830	3.2	821	2.3	710.1
砂・砂利・石材	6,247	3.5	2,034	5.7	307.1
その他製品等	2,452	1.4	578	1.6	424.2
石炭	2,089	1.2	1,344	3.8	155.4
農林水産品	1,977	1.1	395	1.1	500.5
その他産業原料	1,202	0.7	186	0.5	646.2
合計	179,089	100.0	35,445	100.0	505.3

出典：日本内航海運組合総連合会　『令和2年度版 内航海運の活動』 より作成

1.7 環境にやさしい内航海運

　環境問題は近年、世界的な規模での課題となっており、国内貨物輸送の分野においても環境にやさしくエネルギー効率のよい貨物輸送が求められている。内航海運は、1トンの貨物を1km輸送するために必要とされるエネルギー消費量が、営業用貨物車の約1/6であり、さらには、二酸化炭素（CO_2）の排出原単位においても約1/5であるなど、エネルギー効率がよく、環境にもやさしい輸送モードとして注目されている。

　国内貨物輸送の分野では、トラック輸送への過度の依存から生じた道路混雑や騒音公害への対策と、二酸化炭素排出の削減を目指す地球温暖化対策などの環境問題への取り組みが強く求められている。このことから、トラック輸送の貨物の一部を、二酸化炭素の排出が少なくエネルギー効率のよい内航海運や鉄道輸送などの輸送モードに振り替える"モーダルシフト"が強く推奨されている。また最近では、トラックのドライバー不足の問題などもあり、エネルギー効率がよく『環境にやさしい内航海運』への期待はますます高まってきている状況にある。

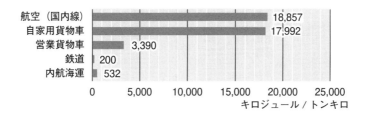

出典：日本内航海運組合総連合会 『令和2年度版 内航海運の活動』

図1.9　1トンキロ輸送するために必要なエネルギー消費量（2018（平成30）年度）

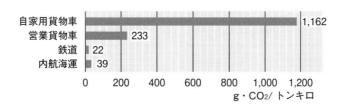

出典：日本内航海運組合総連合会 『令和2年度版 内航海運の活動』

図1.10　貨物輸送機関の二酸化炭素排出原単位（2018（平成30）年度）

1.8 経済性・効率性の高い内航海運

　内航船の代表的な大きさである総トン数499トンの一般貨物船は、1隻で10トントラックの約160台分に相当する貨物輸送が可能である。また、タンカーの場合は、総トン数499トンのタンカー1隻でタンクローリー60台分に相当する液体の輸送が可能である。

　なお、総トン数499トンの貨物船・タンカーの場合は、一般的に5名の船員が乗組員として乗船し運航しており、労働力の上でもトラックやタンクローリーよりも少人数での大量輸送を実現している。

写真提供：成進海運

写真1.14　499トン一般貨物船。10トントラック160台分の輸送力をもつ。

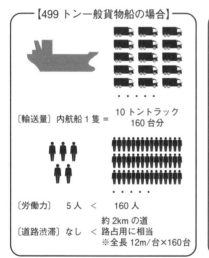

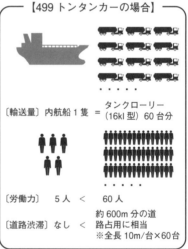

出典：国土交通省資料より作成[2]

図1.11　内航船と自動車輸送の比較

---

2 国土交通省 海事局：『内航海運を取り巻く現状及びこれまでの取組み』，オンライン，https://www.mlit.go.jp/common/001296360.pdf，p5，2019年12月15日参照

1.9 内航海運を担う内航船員

　内航船に乗り組む人員を内航船員といい、船舶の大きさや機関の出力、航行区域によって、乗船する船員の資格や人数が、船舶職員及び小型船舶操縦者法に定められている。

　内航船の中では、総括責任者である「船長」の下に、船の操船や甲板補機類などを担当する甲板部、船を動かす主機関や発電機などを担当する機関部、船内で提供される食事の調理などを担当する司厨部に属する船員がいる。甲板部と機関部の中には、職員と部員という種類の船員が存在している。「職員」は、海技士の国家資格（以下、海技士資格という）を持つ船長・機関長・航海士・機関士であり、「部員」は、海技士資格を持たない甲板部員・機関部員であって職員を補助する仕事を行っている。司厨部には、船舶料理士資格を有する司厨部員が所属している[3]。

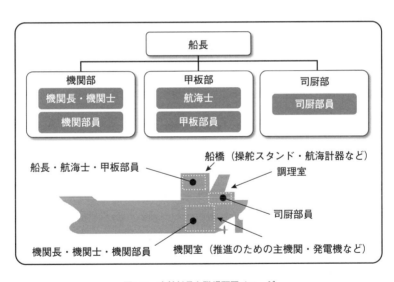

図1.12　内航船員と職場配置イメージ

---

3 近海区域（東は東経175度、南は南緯11度、西は東経94度、北は北緯63度の線により囲まれた水域）以遠を航行区域とする船舶のうち総トン数1,000トン以上のものについては、船舶料理士の資格を有する者の乗船が義務付けられている。

写真1.15　航海船橋（左）と機関室（右）

写真提供：川崎汽船

写真1.16　当直を行う航海士と機関の点検を行う機関士

　船長・航海士の海技士資格は、乗船する船舶の総トン数及び航行区域ごとに必要な資格が定められており、一級海技士（航海）から六級海技士（航海）までの六段階の資格が存在している。また、機関長・機関士の海技士資格は、乗船する船舶に使用されている主機関（船舶の推進力を得るための機関）の出力及び航行区域ごとに必要な資格が定められており、一級海技士（機関）から六級海技士（機関）まで航海士と同様に六段階の資格がある。航行区域には、遠洋区域、近海区域、限定近海区域、沿海区域、限定沿海区域、平水区域があり、そのうち、内航船の航行区域は、限定近海区域、沿海区域、限定沿海区域、平水区域である。具体的な航行区域は、船舶安全法施行規則に定められている。

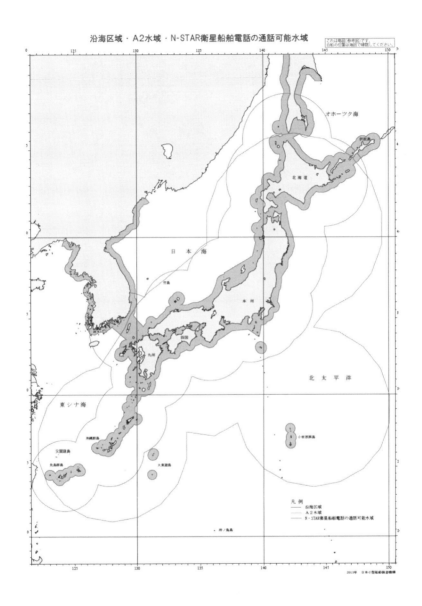

出典：日本小型船舶検査機構 HP

図1.13　沿海区域

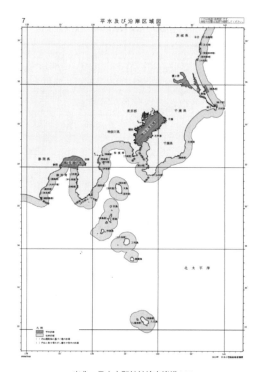

出典：日本小型船舶検査機構 HP

図1.14　平水区域の例
（濃い斜線の区域が平水区域）

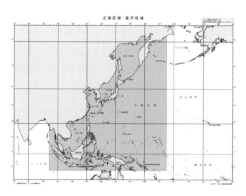

出典：日本小型船舶検査機構 HP

図1.15　遠洋区域・近海区域

　次に、表1.4に船長及び航海士に必要な海技士資格の階級を、表1.5に機関長及び機関士が必要な海技士資格の階級を示す[4]。

表1.4　内航船に関する航海士の乗り組み基準

航行区域 / 総トン数	限定近海区域			沿海区域		平水区域	
	船長	一等航海士	二等航海士	船長	一等航海士	船長	一等航海士
5,000トン以上	三級	四級	五級	三級	四級	四級	五級
1,600トン以上	四級	五級	五級	四級	五級	四級	五級
500トン以上	四級	五級	五級	四級	五級	五級	
200トン以上	四級	五級		五級	六級	五級	
20トン以上	五級			六級		六級	

表1.5　内航船に関する機関士の乗り組み基準

航行区域 / 機関出力	限定近海区域			沿海区域		平水区域	
	機関長	一等機関士	二等機関士	機関長	一等機関士	機関長	一等機関士
6,000kW以上	三級	四級	五級	三級	四級	四級	五級
3,000kW以上	四級	五級	五級	四級	五級	四級	五級
1,500kW以上	四級	五級	五級	四級	五級	五級	
750kW以上	四級	五級		五級	六級	五級	
750kW未満	五級			六級		六級	

1.10　内航船員になるには

　内航船の職員になるには大きく分けて2種類の方法がある。部員として就職し、乗船履歴を付けてから海技士資格を取得する場合と、船舶職員を養成する施設（以下、船舶職員養成施設という）で学び、海技士資格を取得してから就職する場合である。

　ここでは、船舶職員養成施設における代表的な海技士資格取得までの流れを示し、独立行政法人海技教育機構（以下、"海技教育機構"）の船舶職員養成施設である海上技術学校を卒業する場合と海上技術短期大学校を修了する場合を説明する。

---

4 国土交通省 中国運輸局：「船舶職員の乗組みに関する基準」，オンライン，http://wwwtb.mlit.go.jp/chugoku/boat/haijou.html，2019年12月14日参照

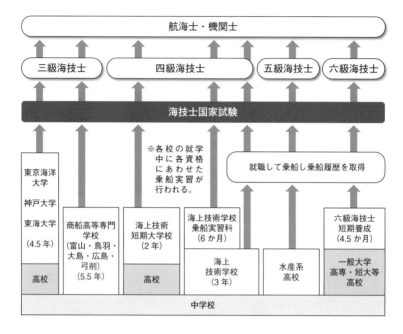

出典：日本内航海運組合総連合会 『What is 内航海運？』より作成

図1.16　代表的な海技士資格取得までの流れ

（1）海上技術学校

　海技教育機構の海上技術学校は、全国に４校存在している（2019年12月末時点）。これらの学校は、中学校卒業者が入る高等学校に該当する学校であり、次の特色がある。

① ３年間の課程であり、高等学校卒業と同等の資格が得られ、大学などへの進学が可能。

② 四級海技士レベルの専門科目の授業と、国語・社会・数学・理科・英語など一般高校と同様の普通科目授業がある。

③ 校内練習船や実習装置を使った実習実技の科目が組み込まれており、在学中に海技教育機構が運航する大型練習船による乗船実習（国内各地寄港）がある。

　海上技術学校の３年間（本科と呼んでいる）を卒業すると、四級海技士（航海）及び内燃機関四級海技士（機関）の筆記試験が免除となり、その後

乗船実習科に進み乗船履歴6か月間を付ける場合と、そのまま船会社に就職して乗船履歴を付ける場合がある。しかし、乗船実習科に進んだ場合は四級海技士（航海）と内燃機関四級海技士（機関）の両方の乗船履歴が付けられるが、乗船実習科に進学しなかった場合は就職先で乗船履歴を付ける必要がある。この場合、甲板部員で乗船すると四級海技士（航海）の乗船履歴が、機関部員で乗船すると内燃機関四級海技士（機関）の乗船履歴が付くことになるが、同時に乗船履歴を付けることができない。このため、乗船履歴取得後は、乗船実習科修了生の場合は四級海技士（航海）と内燃機関四級海技士（機関）の両方、船会社に就職して甲板部員として乗船していた場合は四級海技士（航海）、機関部員として乗船していた場合は内燃機関四級海技士（機関）の国家試験（口述試験）が受験可能となる（2019年末時点）[5]。

写真1.17　館山海上技術学校の校舎（左）と練習船での実習の様子

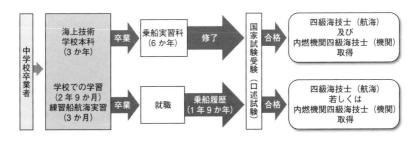

図1.17　海技士免許取得までの流れ

---

5 海技教育機構ホームページ, https://www.jmets.ac.jp/academic/index.html, 2019年12月1日参照

（2）海上技術短期大学校

　海技教育機構の海上技術短期大学校は、全国に3校ある（2019年12月末時点）。これらの学校は、高等学校卒業者を対象としており、次の特色がある。

① 高等学校卒業者を対象として、2年間で一般商船の「航海士」「機関士」を養成する。

② 航海系・機関系両方の座学授業及び海上実習や実技のほか、大型練習船による乗船実習、船舶職員としての総合力を養うことができる。

③ 卒業時には、航海士、機関士になるために必要な四級海技士（航海）及び内燃機関四級海技士（機関）の筆記試験が免除される。

　海上技術短期大学校の場合、海上技術学校と異なり、乗船実習9か月が2年間の就学期間に含まれており、卒業前に行われる国家試験（口述）試験を受験することができるため、卒業と同時に海技士資格を有して船会社へ就職することが可能となる。なお、小樽海上技術学校は、2021（令和3）年4月より、海上技術短期大学校へ移行し、四級海技士（航海）の専科教育を開始する。

写真1.18　海上技術短期大学校の校舎（左から、清水、宮古、波方）

写真1.19　練習船 海王丸とカッター実習（海技教育機構）

図1.18　海技士免許取得までの流れ

（3）商船高等専門学校

　商船高等専門学校（商船高専）は、その名のとおり、商船に乗る船員を育てる学校で、高等学校（高校）と同様に、中学校を卒業すると入学資格が得られる。商船高専としての役割を持った学校は、富山、鳥羽、広島、大島、弓削の５校あり、外航船はもちろん、内航船にも多くの船員を輩出している。

（4）水産（海洋）高校

　漁業、水産業についての専門知識を身に付けるための学校で、漁船などを運航する船員になるための勉強をして、海技士の免許もとることができる学校もある。水産高等学校は、全国に46校ある[6]。漁業に従事する方も多いが、フェリーなどの内航船員も多く輩出している。

（5）そのほかの海技免許を取得できる大学、教育機関など

　これまでに紹介した、海上技術短期大学校、海上技術学校、商船高専、水産（海洋）高校のほかにも、船員になるための海技士資格を取ることのできる教育機関がある。例えば、海上保安官を養成する海上保安大学校や海上保安学校、一般の大学でも海洋関連の学部で、乗船実習のある所では、海技士の免許を取得することができる。

　東海大学の海洋学部航海工学科航海学専攻では、航海士の資格を取ることができる。４年間の修業

写真1.20　東海大学の練習船「望星丸」

---

6 水産庁ホームページ，https://www.jfa.maff.go.jp/j/kikaku/wpaper/h30_h/trend/1/
t1_2_1_4.html，2020年11月21日参照

をすると筆記試験が免除される。東海大学は、練習船「望星丸」を所有しており、この船で航海実習が行われる。また、国立の東京海洋大学や神戸大学などでは、4年間の修業ののち、乗船実習科（課程6か月）を修了すると、三級海技士（航海・機関）取得のための筆記試験が免除されるほか、1年間の乗船履歴が口述試験の受験要件として認定される。乗船経験を積むための航海実習は通常海技教育機構の航海訓練所の練習船にて行うことになっている。なお、乗船実習のうち後半6か月分について、認定を受けた事業者の船舶にて行われる乗船実習が認められている。

第 2 章

内航海運のしくみ

　第 1 章でも説明したとおり、船舶を用いて人や物を運ぶ「海上運送」（海運）のうち、その出発地と目的地の両方が国内の港である場合を「内航海運」という。出発地と目的地のどちらか一方が外国の場合は「外航海運」となる。一般的にこの「内航海運」という用語は業種を表す言葉で、内航海運が担う事業、すなわち、「内航運送」を「業」として行うことについて定めた内航海運業法では、この「内航運送」を「船舶による海上における物品の運送であって、船積港及び陸揚港のいずれもが本邦内にあるもの」（第 2 条第 1 項）と定義している。以下では、業種としての「内航海運」と「内航運送」の用語について、使い分けていく。

2.1 内航運送の主要業務

2.1.1 船舶の確保

　内航運送を事業とするためには、まず運送に使用する「船舶」を確保する必要がある。この船舶については、大きさなどによって、その地域を管轄する運輸局、運輸支局等に「登録」または「届出」の手続きが必要となる。手続きの対象は下記のとおりとなっている。

　① 登録：100 トンまたは 30m 以上の船舶以上の船舶を使用して営むもの

　② 届出：100 トン未満の船舶であって長さ 30m 未満の船舶によるもの

　このとき、内航運送に使用する船舶を「所有」する方法と、他者（船舶を所有する者）から船舶を借りてきて「使用」する 2 つの方法がある。一般に船舶を「所有」している者を船舶所有者または船主（オーナー）というが、内航海運業界では、他者の船舶を借りてきて内航運送に使用する者もオーナーと呼ぶ場合がある。このため、実際に船舶を所有している船主のことをオリジナルオーナーと呼ぶこともある。

　① 　船舶所有者・船主（オーナー／オリジナルオーナー）が運航する場合

　② 　船舶は所有していないが、他の船舶所有者・船主から船舶を借りて運航する場合（この場合も運航者をオーナーと呼ぶことがある）

2.1.2　船員配乗・雇用管理業務

　内航運送を行うためには、使用する船舶を運航するために、法律（船舶職員及び小型船舶操縦者法）に定められた資格を持った船員とその他運航に必要とされる船員を確保して、乗船させなければならない。また、これらの船員に対しては、法律（船員法）等で定められた休暇を与えなければならず、交代で船員を乗船させる必要がある。このため、実際には使用する船舶に必要な船員のほか、交代のための予備船員を雇用または手配する必要がある。これら一連の業務を「船員配乗・雇用管理業務」という。

2.1.3　船舶保守管理業務

　船舶は、通常の航行中に生じる可能性のある危険に堪え、安全に航行することができる能力（堪航性<ruby>堪航性<rt>たんこうせい</rt></ruby>という）を維持するために必要な設備を備えて、定期的に検査を受ける必要がある。また、船舶に備えられた各種設備の機能を維持するために造船所などで行う大規模な保守作業のほかに、運航中においても船員や保守業者による保守・修理作業等を行う必要がある。これらに必要な手配を行い、部品・消耗品などの購入、積込の手配、検査などの業務を行うことを「船舶保守管理業務」という。つまり「保守管理業務」とは、船舶の機能を維持するための保守業務全般の管理を行うことを意味している。

2.1.4　運航実施管理業務

　船舶を運航するに当たり、船員を使用して船舶を運航する管理業務を「運航実施管理業務」という。

　前述までの船舶を確保し、「船員配乗・雇用管理業務」、「船舶保守業務」、「運航実施管理業務」（この3つの業務を船舶管理業務という）を行うことにより、当該船舶が内航運送の一連の流れを行うことが可能となる。

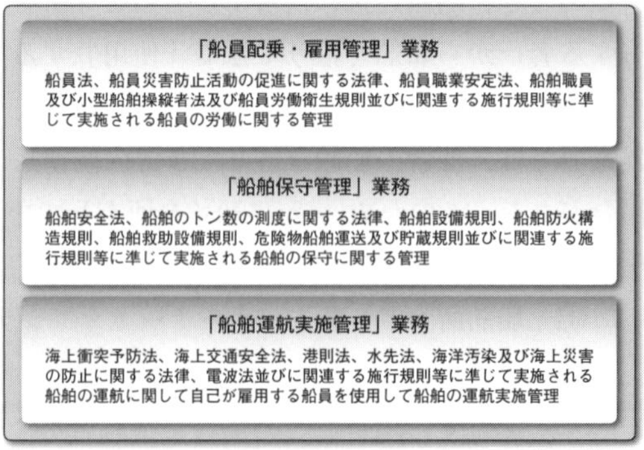

「船員配乗・雇用管理」業務
船員法、船員災害防止活動の促進に関する法律、船員職業安定法、船舶職員及び小型船舶操縦者法及び船員労働衛生規則並びに関連する施行規則等に準じて実施される船員の労働に関する管理

「船舶保守管理」業務
船舶安全法、船舶のトン数の測度に関する法律、船舶設備規則、船舶防火構造規則、船舶救助設備規則、危険物船舶運送及び貯蔵規則並びに関連する施行規則等に準じて実施される船舶の保守に関する管理

「船舶運航実施管理」業務
海上衝突予防法、海上交通安全法、港則法、水先法、海洋汚染及び海上災害の防止に関する法律、電波法並びに関連する施行規則等に準じて実施される船舶の運航に関して自己が雇用する船員を使用して船舶の運航実施管理

図2.1　船舶管理業務を構成する3つの業務

2.1.5 運航業務（オペレーション）

内航運送を行える状態の船舶（船舶・船員・堪航性）が確保できたら、内航運送を必要とする者（荷主）から荷物を預かり、船舶への積み地においての貨物の積込み、揚げ地においての貨物の陸揚げを手配しなければならない。このような業務を行うことを「運航業務」（オペレーション）と呼んでいる。また、船舶への貨物の積込み、陸揚げを行うことを荷役という。

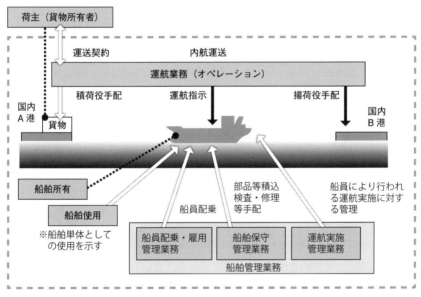

図2.2　内航運送に関する各種業務のイメージ

2.2 | 内航運送に関係する事業者

2.2.1 内航海運業者

内航海運業者は、100 総トン以上または長さ 30m 以上の船舶を使用して、内航海運業を営む事業者である（内航海運業法第 3 条第 1 項）。内航海運業者には、荷主と運送契約を結び内航運送を行う運送業者と内航運送に使用する船舶の貸渡しを行う貸渡業者が存在する（内航海運業法第 2 条第 2 項）。運送業者は、自らが所有する船舶のみで運送業を行う事業者と貸渡業者から借受けた船舶を

中心に使用して運送業を行う事業者が存在する。一般に、前者と後者の運送業者を合わせて「オペレーター」と呼ぶことが多いが、本書では、業務体系を区別するため、主として所有する船舶を使用する運送業者を「オーナーオペレーター」と呼び、主として貸渡業者から借りた船舶を使用する運送業者を「オペレーター」と表記して区別する。

　内航海運業者は、国土交通大臣が行う登録を受ける際、100総トン以上または長さ30m以上の船舶を所有していなければならない（内航海運業法第6条第1項第5号）。一方、国土交通省海事局内航課（以下、内航課という）は、『内航海運業法施行規則等運用方針』（2005（平成17）年4月1日付）において、「船舶所有者から船舶の貸渡しを受け、自社の雇用船員を配乗後これを内航運送をする内航海運業者へ貸渡す行為のみを行う事業者については、使用する船舶をもって所有する船舶とみなす」（以下、みなし規定という）として、船舶を所有

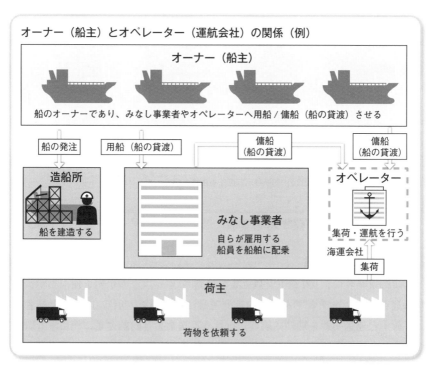

図2.3　オーナーとオペレータの関係（一例）

『内航海運業法施行規則等運用方針』（2005（平成17）年4月1日付）8頁（抜粋）

ハ 法第6条第1項第5号の「船舶を有し」の解釈は以下のとおりとする。

(1) 共有船にあっては、船舶管理人の所有船とみなす（この通達の施行の際、現に共有の船舶を所有する者のみなし自己所有船については、当分の間（当該船舶について共有関係が存続するまでの間）、なお従前のとおりとする。）

(2) 船舶所有者から船舶の貸渡しを受け、自社の雇用船員を配乗後これを内航運送をする内航海運事業者へ貸渡す行為のみを行う事業者については、使用する船舶をもって所有する船舶とみなす。

(3) 信託船は自己所有船とみなす。

していない貸渡業者の登録を認めている。このため、本書は、船舶を所有している貸渡業者を「船主」または「オーナー」といい、船舶を所有しない貸渡業者を「みなし事業者」と表記する。

　内航海運業者は登録の際、登録申請書（図2.4）の他に、「資金計画」および「船員配乗計画」、「船員の雇用契約書の写しその他の船員配乗計画の実施のための準備の状況を示す書類」を提出する必要がある（内航海運業法第4条第2項）。また、運送業者は、前述の書類に加え「安全管理規程」を提出する必要がある。さらに運送業者は、安全統括管理者を選任し、国土交通省に届け出なければならない（内航海運業法第9条第5項）。

2.2.2　届出事業者

　100総トン未満または長さ30m未満の船舶を使用して内航海運業を営む者は、国土交通大臣に届け出る必要がある（内航海運業法第3条第2項、図2.5）。この届出を行った事業者を届出事業者という。届出事業者は、運航や安全管理に関する書類を届出る必要がないため（内航海

写真提供：井筒造船所

写真2.1　届出事業の対象となる大きさの100総トン未満、30m未満の船舶。写真の船は、総トン数99トン、全長29.98mとなっている。

表2.1 内航海運実事業者数（単位：者，2020（令和2）年3月末時点）

区分	内航海運業者	届出事業者	合計
運送業者 （「オーナーオペレーター」 及び「オペレーター」）	619	875	1,494
貸渡業者 （「船主」及び「みなし事業者」）	1,209	169	1,378
合計	1,828	1,044	2,872

出典：日本内航海運組合総連合会 『令和2年度版 内航海運の活動』より作成

運業法第9条第1項）、内航海運業者と異なり運送業者と貸渡業者に届出等における明確な差が存在しない。さらに、届出事業者は、届出の際に船舶を所有していることを求められていない。

表2.1は、2020（令和2）年3月末時点の内航海運実事業者数を示す。内航海運業者は、運送業者の約2倍の貸渡業者が存在し、届出事業者は、貸渡業者の約5倍の運送業者が存在する。

2.2.3　船舶管理会社

船舶管理会社は、オーナーオペレーターや船主といった船舶所有者と船舶管理契約を結び、船舶所有者に代わって船舶を管理する事業者である。船舶管理会社は、内航海運業法、船員法、船員職業安定法など、いずれの法律にも定義されておらず、国土交通省への届出、登録等を行うことなく事業を開始することができる。ただし、船舶管理会社は船員を雇用しているため、船員法上の船員の雇用主としての責任がある（船員法第5条）。

国土交通省海事局長は、「違法な船員派遣事業又は船員労務供給事業に該当しない船員配乗行為を行うことができる船舶管理会社の要件について」(2005(平成17) 年2月15日付け海事局長通達（国海政第157号))[1] において、船舶管理会社を次のように整理している。

「違法な形態に該当しない船舶管理会社の要件」は、委託者と「船舶の運航実施管理」、「船舶の保守管理」、「船員の配乗・雇用管理」を一括して管理する

---

[1] 国土交通省 海事局長：『違法な船員派遣事業又は船員労務供給事業に該当しない船員配乗行為を行うことができる船舶管理会社の要件について』（国海政第157号），2005年

第2号様式（第3条、第24条関係）（用紙の大きさは、日本工業規格A列4番とする。）

整理番号 _____

登　録　申　請　書		
申　請　者　の　氏　名　等		
営業所の名称	主 た る 営 業 所	
及 び 位 置	従 た る 営 業 所	
使用する船舶	名　　　　　称	
	船　　　　種	
	総　ト　ン　数	
	長　　　さ	
	船 舶 所 有 者 の 氏 名 等	
	申請者に船舶の貸渡しをした者（船舶所有者以外）の氏名等	
	貸 渡 先 の 氏 名 等	
内航貨物定期航路事業	航 路 の 名 称	
	起 点 及 び 終 点	
	運 航 回 数	
海 運 組 合 の 名 称		
予 定 す る 事 業 の 開 始 の 日	年　　　月　　　日	

　　内航海運業法第4条第1項の規定により、上記のとおり登録を申請します。
　　　　年　　　月　　　日

　　　　　　　　　　　殿

　　　　　　　　　住　　　　　所

　　　　　　　申請者　氏名又は名称

　　　　　　　（法人にあっては）
　　　　　　　（その代表者の氏名）　　　　　　　印

備考
1　氏名等とは、氏名又は名称及び住所並びに法人にあつては、その代表者の氏名をいう。
2　使用する船舶とは、当該事業の用に供する船舶をいう。
3　船種の欄には次の要領で記載すること。
（1）油送船、セメント専用船（セメントの運送に適した構造を有する貨物船をいう。）、特殊タンク船（高圧若しくは腐しよくに耐え、又は温度を一定に保つ特殊な構造の液体貨物用タンクを有する貨物船をいう。）、自動車専用船（自動車の運送に適した構造を有する貨物船をいう。）、土・砂利・石材専用船（土、砂利（砂及び玉石を含む。）又は石材の運送に適した構造を有する貨物船をいう。）、その他の貨物船の別（ただし、専ら原油の保税運送（関税法（昭和29年法律第61号）第63条第1項の承認を受けて行う運送をいう。以下同じ。）の用に供する総トン数1万トン以上の油送船及び専ら塩の保税運送の用に供する総トン数5千トン以上の貨物船は含まれないものとする。）を記載すること。
　　専ら原油の保税運送の用に供する総トン数1万トン以上の油送船及び専ら塩の保税運送の用に供する総トン数5千トン以上の貨物船に該当する油送船又は貨物船の場合は、その旨を記載すること。
（2）さらに次の事項について（　）を付して記載すること。
　イ　専用船（特定種類の貨物の運送に適した構造を有する船舶）については、その種類
　ロ　ひき船については、その旨
　ハ　はしけについては、その旨（その他の貨物船（専用船を除く。）に該当するはしけについては、船倉を有するはしけ又は船倉を有しないはしけの別に記載すること。）

図2.4　内航海運業法施行規則 第2号様式

第1号様式（第2条、第24条関係）（用紙の大きさは、日本工業規格A列4番とする。）

届出受理番号

事 業 開 始 届 出 書		
届 出 者 の 氏 名 等		
営業所の名称 及 び 位 置	主 た る 営 業 所	
	従 た る 営 業 所	
使 用 す る 船 舶	船 舶 番 号	
	名 称	
	船 種	
	総 ト ン 数	
	重 量 ト ン 数	
	長 さ	
	船 質	
	進 水 年 月	
	連 続 最 大 出 力	
	摘 要	
事 業 開 始 年 月 日	年　　　月　　　日	
内航海運業法第3条第2項の規定により、上記のとおり届け出ます。 　　　　年　　　月　　　日 　　　　　　　　　　　　　殿 　　　　　　　　　　住　　　所 　　　届出者　氏名又は名称 　　　　　　（法人にあつては 　　　　　　　その代表者の氏名）　　　　　　　　　　　印		

備考
1　氏名等とは、氏名又は名称及び住所並びに法人にあつては、その代表者の氏名をいう。

2　使用する船舶とは、当該事業の用に供する船舶をいう。

3　船種の欄には次の要領で記載すること。

(1)　油送船、セメント専用船（セメントの運送に適した構造を有する貨物船をいう。）、特殊タンク船（高圧若しくは腐しよくに耐え、又は温度を一定に保つ特殊な構造の液体貨物用タンクを有する貨物船をいう。）、自動車専用船（自動車の運送に適した構造を有する貨物船をいう。）、土・砂利・石材専用船（土、砂利（砂及び玉石を含む。）又は石材の運送に適した構造を有する貨物船をいう。）、その他の貨物船の別（ただし、専ら原油の保税運送（関税法（昭和29年法律第61号）第63条第1項の承認を受けて行う運送をいう。以下同じ。）の用に供する総トン数1万トン以上の油送船及び専ら塩の保税運送の用に供する総トン数5千トン以上の貨物船は含まれないものとする。）を記載すること。

(2)　さらに次の事項について（　）を付して記載すること。

　　イ　専用船（特定種類の貨物の運送に適した構造を有する船舶）については、その種類

　　ロ　ひき船については、その旨

　　ハ　はしけについては、その旨（その他の貨物船（専用船を除く。）に該当するはしけについては、船倉を有するはしけ又は船倉を有しないはしけの別に記載すること。）

4　船質の欄には、鋼船、木船の別を記載すること。

5　摘要の欄には、傭船の場合は、その船舶の所有者の氏名又は名称及び住所を、貸渡しの場合は、貸渡先の氏名又は名称及び住所を記載すること。

図2.5　内航海運業法施行規則 第1号様式

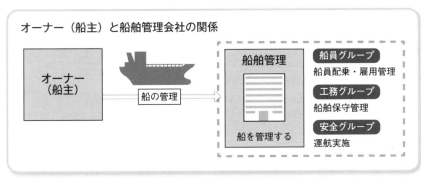

図2.6 オーナーと船舶管理会社の関係

2005（平成17）年2月15日付 運輸局長通達 別紙 1 （抜粋）

いわゆる船舶管理会社については、船舶所有者又は裸傭船者（以下「船舶所有者等」という。）との船舶管理契約に基づいて、自己が雇用する船員を当該契約の対象船舶に配乗する行為を行うことが考えられる。

このような船舶管理会社が、船員を自ら雇用し、船舶管理契約の対象船舶に配乗する形態については、船員法及び船員職業安定法上、一概に禁止されるものではない（この場合、当然の帰結として当該船舶管理会社は、使用者（船舶所有者）としての船員法及び船員職業安定法上の義務を負う。）。

船員の雇用形態としては、船舶所有者等が、その所有又は裸傭船する船舶に自ら雇用する船員を配乗し、かつ、指揮命令を行うのが一般的であるが、船舶管理会社の場合には、船舶管理会社が配乗船舶を所有も裸傭船もしていないことから、船員に対する雇用関係（誰が雇用し、誰が指揮命令を行うのか等）が複雑になりやすいという特徴がある。

例えば、船舶管理会社が船員を雇用する場合であって船員に対する指揮命令権者が当該船舶管理会社であるときには船員派遣にも船員労務供給にも該当しないこととなるが、船舶管理会社が船員を雇用するものの船員に対する指揮命令権者が船舶所有者等である場合は、船舶管理会社による船舶所有者等への船員派遣又は船員労務供給に該当することとなる。この場合、船舶管理会社が業として自己の常時雇用する船員を船舶所有者等の指揮命令を受けて労務に従事させるときには船員派遣事業の許可が必要である。

したがって、船舶管理会社の名の下に、許可を受けずして違法な船員派遣事業又は船員労務供給事業を行う者が出てくるおそれがあることから、船舶管理会社の適法性については、船員を誰が雇用し、誰が指揮命令するのかについて、「船舶管理

契約」等の名称の如何にかかわらず、実質的・個別的に判断する必要がある。

　以上のことから、違法な船員派遣事業又は船員労務供給事業に該当しない船員配乗行為を行うことができる船舶管理会社とは、1．に掲げられた4つの要件を満たすものとして整理することとする。

　1．違法な形態に該当しない船舶管理会社の要件

　(1)　船舶管理契約が締結されていること。

　　　　船舶管理契約は、船舶の運航管理、船舶の保守管理、船員の配乗・雇用管理を受託者が一括して行うことを内容とするのが通常である。違法な形態に該当しない船舶管理契約は、このように船舶所有者等から運航を委ねられた者が、一定の期間、船舶の具体的な航行に関し一切の義務を負う契約であって、船舶の運航管理、船舶の保守管理、船員の配乗・雇用管理に関し一括して責任を負うものでなければならず、このような船舶管理契約が締結されていることが必要である。

　　　　なお、違法な形態に該当しないとされた船舶管理契約を締結している当該船舶管理会社が、受託した船舶管理業務のうち船員の配乗・雇用管理等の一部に関する再委託契約を子会社又は他社と締結した場合は、一括して船舶管理を行うものではないため違法な形態に該当しない船舶管理会社とは認めることはできない。

　(2)　船舶管理契約に示された船舶管理行為を実態的に行なっていること。

　　　　船舶管理契約は、船舶の航行に関し一切の義務を負う契約であるので、船員の配乗管理体制、船員の労務管理体制はもちろんのこと、船舶の運航管理、船舶の保守管理等について実態的な活動を行っている必要があり、これらの業務に関して運送行為を行う海運会社と事実上同等の体制が整備されている必要がある。

　(3)　船員を雇用していること。

　　　　船員を雇用していることから、当然船員法等の法令が適用されることとなるので、船舶所有者（使用者）としての各種義務が生じることとなる。

　　　　特に実態面として、賃金の支払い、船員保険等の加入、人事面の管理等使用者としての基本的な義務と権利を遂行している必要がある。

　(4)　船員を指揮命令していること。

　　　　船長を通じ、船員に対して指揮命令をしていること。

　　　　特に実態面として、労働時間や休日の管理、労働力の支配等使用者としての基本的な義務と権利を遂行している必要がある。

　2．1．の要件を満たしていることのチェックポイント

　船員労務供給事業に該当しない船舶管理会社の要件としては、船舶検査証書上の船舶所有者であって船舶管理を委託するもの（以下「委託者」という。）から運航を委ねられた者が、委託者に対し、船舶の運航管理、船舶の保守管理、船員の配乗・

雇用管理に関し一括して責任を負うことを内容とする船舶管理契約が当事者間で締
結されている必要がある。具体的には次の内容が船舶管理契約に含まれていること
をチェックする。舶管理会社が委託者に対して当該契約対象となる船舶に関し、船
舶の運航管理、船舶の保守管理、船員の配乗・雇用管理に関して一括した責任を負
う旨の規定が明記されていること。
　さらに、当該船員について船舶管理会社が船員保険の付保を自己の名で行うとと
もに、雇入契約の成立等の届出が当該船舶管理会社を船舶所有者として行われてい
ることが必要である。

ことを承諾した旨を示した船舶管理契約を結び、船員を雇用する事業者である。

　船舶管理会社は、登録等の義務がないことから、正確な事業者数は明らかに
なっていない。内航海運における船舶管理会社の業界団体は、特定非営利活動
法人 日本船舶管理者協会（以下、船管協という）が存在する。船管協は、国土
交通省から公式に認められた業界団体ではないが、2006（平成 18）年の設立当
初から国土交通省に協力し、内航海運業者のグループ化推進のための「ガイド
ライン策定・マニュアル検討委員会」および「内航海運船舶管理ガイドライン
作成検討委員会」では事務局を担当している。また、「内航海運船舶管理ガイ
ドライン適合性評価システム検討委員会」では船管協の理事長が検討委員会の
委員として参加している[2]。船管協の会員は、2020（令和 2）年 3 月時点で正会
員 42 者（団体 38、個人 4）、賛助会員 5 社（団体）である[3]。なお、2018（平
成 30）年 4 月より、任意による国土交通大臣の登録船舶管理事業者制度が制度
化されたが、その詳細については第 5 章で後述する。

2.2.4　船員派遣事業者

　船員派遣事業は、事業者が常時雇用している船員（期間の定めなく雇用され
ている船員）を、他人の指揮命令を受けて、この他人のために船員として労務
に従事させる事業である。船員派遣事業を行うためには、国土交通大臣の許可
を受けなければならない。船員派遣事業の許可を受けた事業者を船員派遣事業

2 日本船舶管理者協会：「協会の歴史」，『特定非営利活動法人 日本船舶管理者協会10年
　間の振り返りと今後の活動について』，pp.4-14，2017年
3 日本船舶管理者協会：『船管協ホームページ』，https://jsms.jimdo.com/協会の概要/会
　員リスト/，オンライン，2020年9月 1 日参照

者という。船員派遣事業者は、2005（平成17）年の船員職業安定法改正後に認められた許可事業者である。

　船員派遣事業者の取引先は、運送業者及び船主並びに船舶管理会社である。みなし事業者は、「自社の雇用船員を配乗後、これを内航運送する内航海運業者へ貸渡す行為のみを行う事業者」として登録を認められているため、船員派遣を受けることはできない。

　船員派遣を受ける派遣先の事業者は、派遣船舶ごとの同一業務について、船員派遣事業者から可能派遣期間を超える期間、継続して船員派遣の提供を受けてはならない。原則1年間の派遣が可能であるが、条件を満たせば3年以内まで延長できる（産前産後休業、介護休業などの船員の業務に対しては、可能派遣期間を超えてもよい）。国土交通省の船員派遣許可事業者一覧[4]に示されている船員派遣事業者は、381者である（2020（令和2）年10月31日時点）。なお、当該リストには、内航海運における船員派遣を行っている事業者だけでなく、外航海運や漁船など、すべての船員派遣許可事業者が掲載されている。

図2.7　船員派遣事業のイメージ

---

4 国土交通省 海事局のホームページに最新の一覧表が掲載されている。
　http://www.mlit.go.jp/common/001370860.pdf，2020年11月3日参照

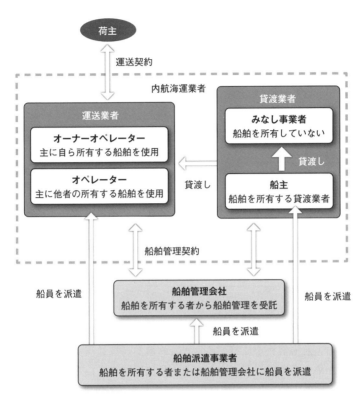

図2.8　内航海運に関係する事業者の関係

2.3 | 内航運送の流れ

　内航運送の流れは、定期航路・不定期航路などの運航形態によって、多種多様である。定期航路は、決められた航路を定期的に運航するもので、家電や食品、衣料品などの製品化されたものや部品などを運ぶものが多く、フェリーなどを含めたRORO船が多く運航されている。一方の不定期航路は、荷主の要望に合わせて、不定期に貨物を運ぶもので、原油や鉄鉱石などの原料、穀物などのバラ積み貨物が中心となっている。船を荷主がチャーターし、運ぶ荷物、船の行き先、スケジュール、運賃などは、すべて荷主と船会社の交渉によって決められる。ここでは、一例として以下に不定期航路の一般貨物船(バラ積み貨物)の一般的な内航運送の流れを示す。

> ① 運送契約　➡　② 運航指示　➡　③ 航海計画　➡　④ 荷役計画　➡
> ⑤ バラスト航海　➡　⑥ 入港・積み荷役　➡　⑦ 出港・積み荷航海　➡
> ⑧ 入港・揚げ荷役　➡　⑨ ホールド掃除

① 運送契約

　まず、内航運送を利用して貨物を運んで欲しい「荷主」は、運送業者と運送契約を結ぶ。

② 運航指示

　委託を受けた運送業者は、自社が運航する船舶の中からその貨物、積み地及び揚げ地、スケジュール等を考慮し、運送を行う船舶を選び、その船舶に貨物の種類・量、スケジュール等を伝え、運送を行うよう指示する。

③ 航海計画

　指示を受けた船舶の船長は、必要な海図（積み地までの航程、積み地から揚げ地までの航程、積み地及び揚げ地の係船場所）などが揃っているかを確認し、航海計画を立案する。また、機関長は航海計画に基づき、運送を行うために必要な燃料・水などを十分に保有しているか確認する。不足している場合には、海図、燃料など必要な手配を行う。

④ 荷役計画等

　船舶において、運送を行うことが確認された場合には、運送業者にそのことを伝えると共に、航海計画に従って積み地に向かう。また、船舶所有者などに対しても、スケジュール等を知らせる。一方、一等航海士は積み荷に

写真2.2　船舶の針路（コースライン）が記された海図

よる船舶の状態変化を計算し、積み荷を行う順番、船舶の状態を適正に保つためのバラスト水の漲排水などについて検討する。一等航海士は、事前にSTOWAGE PLAN（積付計画）を積み地の荷役業者に提出する。

写真2.3　バラスト制御装置画面（バラスト水及び燃料の液面表示）

⑤ バラスト航海（空荷での航海）

船舶は、積み地に向かうにあたり、海上交通安全法及び港則法に基づいて規定される船舶は、事前の通航の通報や出入港の手続きを行わなければならない。入港届は、通常、運送業者が委託した代理店が行うが、プライベートバースなどは、船舶が手続きを行わなければならず、乗組員名簿（クルーリスト）を求められる場合もある。

⑥ 入港・積み荷役

積み地に入港、着岸後、荷役を行う業者との打ち合わせの後、積み荷作業が行われる。

写真提供：常定信悟（船長）

写真提供：双栄海運

写真2.4　入港前の船舶と着岸作業の様子

積み荷の方法は、港ごと、貨物ごとに荷役装置が異なり、バラ積み貨物の場合、シップローダ（ベルトコンベアなどの送り機構を保有する積み荷装置）やクレーン車に取り付けられたバケットで荷役を行う場合もある。

写真提供：常定信悟（船長）

写真2.5　専用のバケットによる分蜜糖の積み込みの様子

⑦ 出港・積み荷航海

積み荷が終わると、積み込み量の確認（荷役前後の船舶の沈み具合等により計算）が行われ、積み荷量の協定が行われ、積荷役協定書または積込証が発行される。その後、船舶は揚げ地に向け出港する。揚げ地に向かうにあたり、海上交通安全法及び港則法に基づいて規定される船舶は、事前の通航の通報や出入港の手続きを行わなければならない。

写真提供：常定信悟（船長）

写真2.6　出港後の様子

⑧ 入港・揚げ荷役

揚げ地に入港、着岸後、荷役を行う業者との打ち合わせの後、揚げ荷作業が行われる。揚げ荷の方法も、港ごと貨物ごとに荷役装置が異なり、バラ積み貨物の場合、アンローダー（ベルトコンベアなどの送り機構を保有する積み荷装置）やクレーン車に取り付けられたバケット、特殊なアタッチメントを取付けたシャベルカーなどで荷役を行う場合もある。

写真提供：常定信悟（船長）

写真2.7　ウッドチップの揚げ荷役の様子

写真2.8　着岸した貨物船

⑨ ホールド掃除

　揚げ荷が完全に終わると次の貨物を積む準備のため、船倉内の掃除及び整備が行われる。なお、船倉内の掃除は、ほとんどの場合、出港後に行われる。

写真提供：常定信悟（船長）

写真2.9　水洗い後の船倉内の整備の様子

　以上のような流れで内航運送は行われている。

2.4 内航海運業界の構造

2.4.1 内航海運業界のピラミッド構造

　一般的に、内航海運業界の業界構造は、その契約関係と事業者数から荷主を頂点とするピラミッド構造で示されることが多い（図2.9）。なお、図2.9に示す数は事業者数であり、内航海運業者と届出事業者を合わせたものである。

　運送業者には、荷主と直接契約を結ぶ「元請運送業者」、「元請運送業者」からさらに運送契約を結ぶ「二次・三次運送業者」がある。貸渡業者は、契約関係上の最終的な受注者であり、その数も多いことからピラミッドの最下層に位置付けられている。

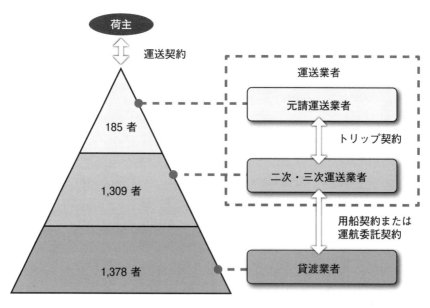

出典：日本内航海運組合総連合会『令和2年度版 内航海運の活動』より作成

図2.9　内航海運業界の構造

2.4.2　貨物ごとの産業構造イメージ

（1）鉄　鋼

写真提供：商船三井内航

写真2.10　鉄鋼製品の船倉への積み込み

　鉄鋼関係の荷主を持つ内航海運業者の産業構造は、元請運送業者が、荷主企業の関連物流会社であるため、荷主企業との関係性は強い。しかし、一部の運送業者が、他系列の荷主の貨物を取り扱う場合もある。

　また、貸渡業者が複数の船舶を所有している場合、別々の荷主系列の運送業者に船舶を貸渡す場合もある。

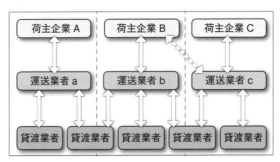

出典：交通政策審議会海事分科会 第11回 基本政策部会 資料１より作成

図2.10　内航海運業界の産業構造イメージ（鉄鋼）

（2）セメント

　セメントを運ぶ内航海運業界の産業構造は、荷主企業に対して特定の運送業者が元請けとなり、専属化している。

　貸渡業者は、特定の運送業者のみに船舶を貸渡している場合がほとんどであり、荷主企業に対する専属化・系列化が特に強い。

写真提供：双栄海運

写真2.11　セメント専用船

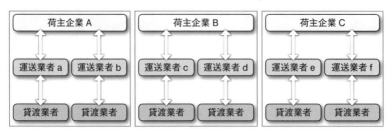

出典：交通政策審議会海事分科会 第11回 基本政策部会 資料1より作成

図2.11　内航海運業界の産業構造イメージ（セメント）

(3) 石　　油

　石油製品を運ぶ内航海運業界の産業構造は、関連物流会社（元請運送業者）を設立している荷主企業が1社のみである。元請運送業者は、特定の荷主企業と関係性が強いが、複数の荷主企業と取引している場合もある。貸渡業者と元請運送業者との関係は強く、系列の元請運送業者に船舶を貸渡す場合が多い。

写真提供：商船三井内航

写真2.12　石油タンカーと積み込み

出典：交通政策審議会海事分科会 第11回 基本政策部会 資料1より作成

図2.12　内航海運業界の産業構造イメージ（石油）

（4）ケミカル

ケミカル製品はその種類が多岐にわたり、荷主企業も多いため、元請運送業者は複数の貨物を取り扱い、特定の荷主企業との結びつきは強くない。専用船も多く、貸渡業者は元請運送業者の取り扱い貨物の種類に応じて船舶を貸渡している。

写真提供：岩崎汽船
写真2.13　内航ケミカルタンカー

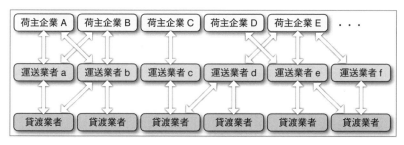

出典：交通政策審議会海事分科会 第11回 基本政策部会 資料１より作成
図2.13　内航海運業界の産業構造イメージ（ケミカル）

2.5 | 内航海運業者の組合組織

　内航海運業界には、内航海運組合法に基づき事業形態及び企業規模などによって異なる５つの海運組合（うち１つは連合会）が組織されている。

　これら５つの組合は、その総合調整機関として日本内航海運組合総連合会を構成している。日本内航海運組合総連合会は、各種委員会を設け、５組合から選出された委員によって委員会を運営している。日本内航海運組合総連合会には、理事長を長とした事務局が設置され、５つの部署がそれぞれ関連のある委員会の事務局業務を担当している。

表2.2　内航海運業界における5つの海運組合

組合名	概要
内航大型船輸送海運組合	主として 1,000 総トン以上の貨物船オペレーターで、外航船社系列または定期航路業者
全国海運組合連合会	海運組合又は海運組合連合会を会員とした組合で、参加の組合員は主に地方の船主、オペレーターが主体
全国内航タンカー海運組合	石油・ケミカル・ガス製品等を輸送するタンカーの船主、オペレーターにより構成される組合
全国内航輸送海運組合	主として大手貨物船オペレーターで構成される組合
全日本内航船主海運組合	主として中型の貨物船を所有する船主により構成される組合

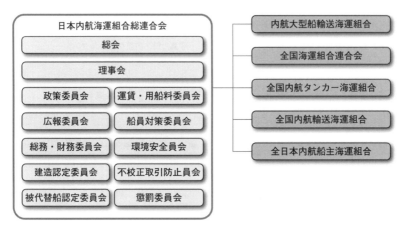

図2.14　日本内航海運組合総連合会と5組合の関係

2.6 荷主業界の状況

2.6.1　主要貨物輸送量の見通し・荷主企業の経営統合の状況

　荷主業界団体などにおける産業基礎物資の生産等の状況は、過去のピーク時から減少してきており、今後の生産見通しはいずれも減少もしくは現状維持が予想される。このため、内航海運における輸送量についても同様の傾向と予想される。

　また、荷主企業は、国内市場の縮小、国際競争の進展等を背景とした企業間の経営統合などにより、寡占化が一層進行する状況にある。

表2.3 主要貨物輸送量の見通し・荷主企業の経営統合の状況

貨物の種類	将来の生産見通し	荷主企業の経営統合の状況		
鉄鋼	粗鋼生産量 ・ピーク時（2007 年）：1.2 億トン 　　　　　　　　　　（現在の 1.1 倍） ・現在（2015 年）：1.1 億トン 　　（2017 年）：1.04 億トン ・将来（2030 年）：1.1 億〜1.2 億トン 　　　　　　　　　　（横ばい）	鉄鋼製造事業者 （高炉メーカー）	2002 年 5 社 →	2019 年 3 社
石油	石油需要量 ・ピーク時（1999 年）：2.5 億kℓ 　　　　　　　　　　（現在の 1.3 倍） ・現在（2013 年）：1.9 億kℓ 　　（2017 年）：1.75 億kℓ ・将来（2020 年）：1.6 億kℓ 　　　　　　　　　　（現在の 16％減）	石油元売り事業者	2002 年 7 社 →	2019 年 3 社
ケミカル	エチレン生産量 ・ピーク時（平成 19 年）：770 万トン 　　　　　　　　　　（現在の 1.2 倍） ・現在（2014 年）：660 万トン 　　（2017 年）：616 万トン ・将来（2020 年）：470〜617 万トン 　　　　　　　　　　（現在の 1〜3 割減）	ポリエチレン 製造事業者 ポリプロピレン 製造事業者	2002 年 9 社 → 6 社 →	2019 年 8 社 4 社
セメント	セメント生産量 ・ピーク時（平成 8 年）：1 億トン 　　　　　　　　　　（現在の 1.6 倍） ・現在（2015 年）：6 千万トン 　　（2017 年）：6 千万トン ・将来（2020 年）：5,600 万トン 　　　　　　　　　　（現在の 7％減）	主要セメント 製造事業者 （※国内販売の 80％占有）	2002 年 5 社 →	2019 年 3 社

出典：国土交通省 海事局 内航課作成資料[5]

2.6.2　荷主企業の経営統合の状況

　荷主企業は、経営統合が進んでおり、国土交通省海事局資料によれば代表的な荷主企業の経営統合の状況は、以下のとおりである[6]。

---

5 国土交通省 海事局：「2-3主要貨物輸送量の見通し・荷主企業の経営統合の状況」，『内航海運を取り巻く現状及びこれまでの取組み』，オンライン，https://www.mlit.go.jp/common/001296360.pdf，p11，2019年12月28日参照
6 国土交通省 海事局：『内航海運による産業基礎物資輸送を取り巻く状況』，オンライン，https://www.mlit.go.jp/policy/shingikai/content/001314886.pdf，pp.8-11，2019年12月28日参照

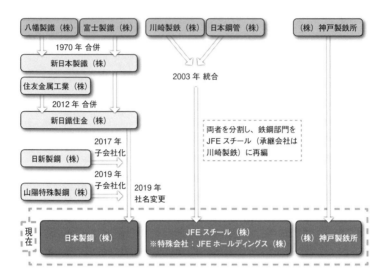

図2.15　鉄鋼業界の経営統合の状況

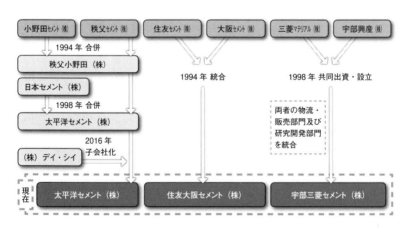

図2.16　セメント業界の経営統合の状況

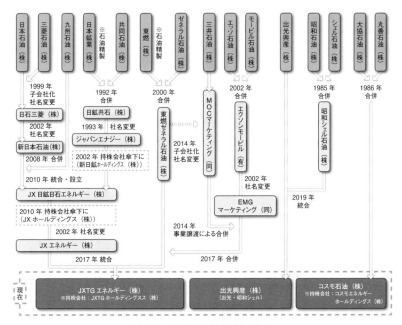

図2.17　石油業界の経営統合の状況

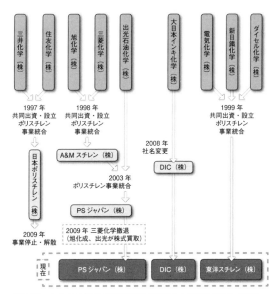

図2.18　ケミカル業界の経営統合の状況（ポリスチレンの例）

2.7 内航海運に関係する法律

　海には、領海や経済水域など日本の地権が及ぶ範囲があるが、それらを行きかう船舶は日本船籍の船舶だけではない。また、領海や経済水域などが決められていたとしても、日本の海と隣国の海とは繋がっている。このため、日本籍船が満足すべき基準は、基本的に国際的な条約に準拠するよう、国内法令が整備されている。なお、一部の海事法令において、国際条約が適用されない一部の船舶に対して、日本独自の基準を規定しているものもある。

2.7.1 船舶法

　船舶法は、1899（明治32）年に施行された日本の海事法規の中でも、最も歴史のある法律である。船舶法は、日本の船舶としての国籍の要件、船籍港、登録などを証明するとともに、固有の船舶を特定する事項を登録、あるいは船舶の所有関係を公示する船舶国籍証書等について規定している。

　日本の船舶として認められた場合、日本の国旗を掲揚することができるほかに、不開港場に寄港する、もしくは日本各港の間において物品または旅客を運送することができる。不開港場とは、開港（貨物の輸出及び輸入並びに外国貿易船の入港及び出港その他の事情を勘案して定める港をいう）以外の港、その他の場所をいう。言い換えれば、日本船籍の船舶以外は、日本国内において自由な海上輸送を行うことができない。

2.7.2 船舶安全法

　船舶は水上を航行し、気象・海象等の影響を受け、時には貴重な人命及び財産を失う危険に晒されている。このため、船舶は堪航性を確保するための施設が必要である。さらには、万が一の事故に備えて、人命の安全を保持するための施設も必要である。

　船舶安全法は、第1条において「日本船舶ハ本法ニ依リ其ノ堪航性ヲ保持シ且人命ノ安全ヲ保持スルニ必要ナル施設ヲ為スニ非ザレバ之ヲ航行ノ用ニ供スルコトヲ得ズ」とし、船舶が、航行中における堪航性の保持と人命の安全を保持するための必要な施設を為さなければ船舶を航行させてはならないとしている。

2.7.3　船員法

　海上における船員の労働は、多くの危険に晒されており、家族から離れて船内で長期間生活するなど、陸上の労働者にはない特殊性が存在している。船員法は、こうした船員労働の特殊性を考慮して、陸上の労働者が適用される労働基準法の多くを適用除外とした上で、船員の労働条件（賃金、労働時間等）に関する労働者保護の規定を定めている。また、船員法は、船舶航行の安全確保を目的として、船長の職務権限や船内規律に関する規程なども含んでいる。

　　　　　　労働基準法（昭和22年法律第49号）（厚生労働省所管）（抜粋）

　（労働条件の原則）

第一条　労働条件は、労働者が人たるに値する生活を営むための必要を充たすべきもの……

　（労働条件の決定）

第二条　労働条件は、労働者と使用者が、対等の立場において決定すべきもの……

（均等待遇）

第三条　使用者は、労働者の国籍、信条又は社会的身分を理由として、……

　（男女同一賃金の原則）

第四条　使用者は、労働者が女性であることを理由として、……

　（強制労働の禁止）

第五条　使用者は、暴行、脅迫、監禁その他精神又は身体の自由を不当に拘束する手段によって、……

　（中間搾取の排除）

第六条　何人も、法律に基いて許される場合の外、業として他人の就業に介入して……

　（公民権行使の保障）

第七条　使用者は、労働者が労働時間中に、選挙権その他公民としての権利を行使し、……

第八条　削除

　（定義）

第九条　この法律で「労働者」とは、……。

第十条　この法律で使用者とは、事業主又は事業の経営担当者その他その事業の労働者に関する事項について、事業主のために行為をするすべての者をいう。

第十一条　この法律で賃金とは、賃金、給料、手当、賞与その他名称の如何を問わず、労働の対償として使用者が労働者に支払うすべてのものをいう。

（適用除外）

第百十六条　第一条から第十一条まで、次項、第百十七条から第百十九条まで及び第百二十一条の規定を除き、この法律は、船員法（昭和二十二年法律第百号）第一条第一項に規定する船員については、適用しない。

② 　この法律は、同居の親族のみを使用する事業及び家事使用人については、適用しない。

船員法（昭和22年法律第100号）（国土交通省所管）（抜粋）

（労働基準法の適用）

第六条　労働基準法（昭和二十二年法律第四十九号）第一条から第十一条まで、第百十六条第二項、第百十七条から第百十九条まで及び第百二十一条の規定は、船員の労働関係についても適用があるものとする。

（指揮命令権）

第七条　船長は、海員を指揮監督し、且つ、船内にある者に対して自己の職務を行うのに必要な命令をすることができる。

（船内秩序）

第二十一条　海員は、次の事項を守らなければならない。

　　一　上長の職務上の命令に従うこと。

　　二　職務を怠り、又は他の乗組員の職務を妨げないこと。

　　三　船長の指定する時までに船舶に乗り込むこと。

　　四　船長の許可なく船舶を去らないこと。

　　五　船長の許可なく救命艇その他の重要な属具を使用しないこと。

　　六　船内の食料又は淡水を濫費しないこと。

　　七　船長の許可なく電気若しくは火気を使用し、又は禁止された場所で喫煙しないこと。

　　八　船長の許可なく日用品以外の物品を船内に持ち込み、又は船内から持ち出さないこと。

　　九　船内において争闘、乱酔その他粗暴の行為をしないこと。

　　十　その他船内の秩序を乱すようなことをしないこと。

> （懲戒）
> 第二十二条　船長は、海員が前条の事項を守らないときは、これを懲戒すること
> 　ができる。

2.7.4　船員職業安定法

　前項において、船員は労働基準法のほとんどの適用を受けないとしたが、労働基準法と同様に職業安定法も適用が除外されている（職業安定法第62条）。このため、船員のための法律として、船員職業安定法（昭和23年法律第130号・国土交通省所管）が制定されている。

　船員職業安定法は、「政府が地方公共団体等の協力を得て船員職業紹介等を行うこと、政府以外の者の行う船員職業紹介事業等が海上労働力の需要供給の適正かつ円滑な調整に果たすべき役割にかんがみその適正な運営を確保すること等により、何人にもその能力及び資格に応じて公平かつ有効に船員の職業に就く機会を与えるとともに、政府以外の海上企業に対する労働力の適正な充足を図り、もつて経済及び社会の発展に寄与すること」を目的としている。つまり、海上労働力の需要供給の適正かつ円滑な調整を図るために、船員職業紹介、船員職業紹介事業等の適正な運営に必要な事項を規定している。

　2005（平成17）年の船員職業安定法の改正では、それまで禁止されていた船員派遣が、常用雇用型の許可事業として認められるようになった。

2.7.5　海上運送法

　本章の冒頭、「内航運送」は内航海運業法に定義された輸送形態であると述べた。内航海運業法について説明する前に、まず、海上運送法について少し触れておくことにする。海上運送法（昭和24年法律第187号・国土交通省所管）は、『海上運送事業の運営を適正かつ合理的なものとすることにより、輸送の安全を確保し、海上運送の利用者の利益を保護するとともに、海上運送事業の健全な発達を図り、もつて公共の福祉を増進することを目的とする。』（海上運送法第1条）としている。第2条第1項には、『この法律において「海上運送事業」とは、船舶運航事業、船舶貸渡業、海運仲立業及び海運代理店業をいう。』とし、第2条第2項には、『この法律において「船舶運航事業」とは、海上において船舶により人又は物の運送をする事業で港湾運送事業（港湾運送事業法（昭和二十六

年法律第百六十一号）に規定する港湾運送事業及び同法第2条第4項の規定により指定する港湾以外の港湾において同法に規定する港湾運送事業に相当する事業を営む事業をいう。）以外のものをいい、これを定期航路事業と不定期航路事業とに分ける。』としている。つまり、海上運送事業は、「海上において船舶により人又は物を運送」すること全般について定めた法律であり、物を運送しかつその運送が国内に限られている内航海運の基礎となる法律といえる。

　また、船舶運航事業は、定期航路事業（第2条第3項）と不定期航路事業（第2条第6項）に分かれており、定期航路事業は、旅客定期航路事業と貨物定期航路事業がある。

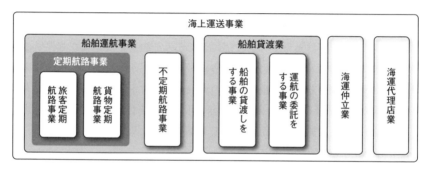

図2.19　海上運送業の分類

　さらに、船舶貸渡業は、船舶の貸渡し（定期備船を含む）と運航の委託をする事業がある（第2条第7項）。

2.7.6　内航海運業法

　内航海運業法（昭和27年法律第151号・国土交通省所管）の目的は、「内航運送の円滑かつ適確な運営を確保することにより、輸送の安全を確保するとともに、内航海運業の健全な発達を図り、もつて公共の福祉を増進すること」であり、円滑かつ適確な内航海運事業運営の確保と輸送の安全を確保するために必要な事項が定められている。

　まず、「内航運送」とは、「次に掲げる船舶（はしけを含む。以下同じ。）以外の船舶による海上における物品の運送であって、船積港及び陸揚港のいずれもが本邦内にあるもの」（第2条第1項）であり、除外される船舶は、「ろかいの

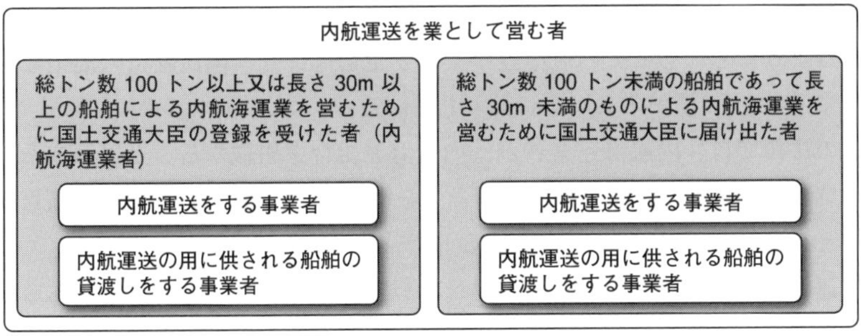

図2.20　内航海運業法上の区分け

みをもつて運転し、又は主としてろかいをもつて運転する舟」及び「漁船法（昭和25年法律第178号）第二条第一項の漁船」である。

内航海運業法は、内航運送を業として行う事業者の名称（区分）を明確にしていないが、内航海運業法第2条第2項には、「内航運送をする事業（次に掲げる事業を除く。以下同じ。）又は内航運送の用に供される船舶の貸渡し（期間傭船を含み、主として港湾運送事業法（昭和26年法律第161号）に規定する港湾運送事業（同法第三十三条の二第一項の運送をする事業を含む。）の用に供される船舶の貸渡しを除く。以下単に「船舶の貸渡し」という。）をする事業をいう。」とされており、「内航運送をする事業」者と、「内航運送の用に供される船舶の貸渡しをする事業」者が存在することがわかる。

内航運送を業として行うためには、使用する船舶の総トン数または全長によって、国土交通大臣に対し、登録（第3条第1項）または届出（第3条第2項）を行わなければならない。また、国土交通大臣に登録を受けた者を内航海運業者という（第7条第1項）。

内航海運業法上の区分けは、図2.20のとおりである。明確な名称が示されていないが、一般的に、国土交通大臣に登録を受けた事業者を内航海運業者または登録事業者といい、国土交通大臣に届け出た事業者を届出事業者と呼んでいる。また、「内航運送をする事業者」を運送業者といい、「内航運送の用に供される船舶の貸渡しをする事業者」を貸渡業者と呼んでいる。

2.7.7　内航海運組合法

内航海運組合法（昭和32年法律第162号・国土交通省所管）は、内航海運業

を営む者が、「その経済的地位の改善を図るため内航海運組合を結成することができるようにし、もって内航海運事業の安定を確保し、国民経済の健全な発展に資すること」（法第1条）を目的としている。

この法律では、内航海運業者が、内航海運組合を組織すること（第3条）及び内航海運組合が内航海運組合総連合会を組織すること（第56条第1項）ができるとしている。

海運組合が行うことができる事業は、以下に示す①から⑭の事業である。ただし、①から⑥までに掲げている事業は、その海運組合の組合員たる資格を有する内航海運事業を営む者の競争が正常の程度を超えて行われているため、その内航海運事業を営む者の事業活動に関する取引の円滑な運行が阻害され、その相当部分の経営が著しく不安定となっている場合に限られている（法第8条）。

① 内航運送に係る運賃若しくは料金又は内航運送の用に供される船舶の貸渡しに係る料金であって組合員が受け取り、又は支払うものの調整
② 組合員の内航海運事業に係る運送条件であって①に規定するもの以外のものの調整
③ 組合員がする内航運送に係る貨物の引受数量又は引受方法の調整
④ 組合員が配船する内航運送の用に供される船舶の船腹の調整
⑤ 組合員が保有する内航運送の用に供される船舶の船腹の調整
⑥ 組合員が内航運送の用に供される船舶を運航するに必要な燃料等の物資の購入数量、購入方法又は購入価格の調整
⑦ 組合員の内航海運事業に関する共同事業
⑧ 組合員の内航海運事業の経営の合理化に関する指導及びあっせん
⑨ 組合員に対する内航海運事業に係る事業資金のあっせん（あっせんに代えてする資金の借入れ及びその借り入れた資金の組合員に対する貸付けを含む。）
⑩ 組合員がする内航運送の用に供される船舶の建造のため必要な資金の定款で定める金融機関からの借入れに係る債務の保証又はその金融機関の委任を受けてするその債権の取立て
⑪ 組合員又は組合員が使用する従業員の福利厚生又は技能教育に関する事業
⑫ 組合員の委任を受けてする組合員と組合員が使用する従業員との間の労働

関係に関する事項の処理

⑬ 組合員又は組合員が使用する従業員のためにする海難防止に関する事業

⑭ ⑬に掲げる事業を行うために必要な調査、研究その他の事業

2.7.8 船舶職員及び小型船舶操縦者法

船舶職員及び小型船舶操縦者法（昭和26年法律第149号・国土交通省所管）は、「船舶職員として船舶に乗り組ませるべき者の資格並びに小型船舶操縦者として小型船舶に乗船させるべき者の資格及び遵守事項等を定め、もって船舶の航行の安全を図ること」（法第1条）を目的としている。船舶職員とは、船舶において、船長の職務を行う者（小型船舶操縦者を除く）並びに航海士、機関長、機関士、通信長及び通信士の職務を行う者をいう（第2条第2項）。船舶に乗船するべき資格者の資格や遵守事項、資格者を養成するための養成施設に関する事項等を定めた法律である。

船長をはじめ、船舶の運航に携わる者の資格に関する日本の法規制は、1876（明治9）年の「西洋形商船船長運転手及機関手試験免状規則」（明治9年太政官布告第82号）を端緒としている。当時の資格は、船長、一等運転手、二等運転手、一等機関手、二等機関手の5種類で、それらはさらに本免状と仮免状に分けられ、海技免状受有者でなければ船長、運転手または機関手としての職を執ることを禁じていた。

1980年代、日本国内では好況を背景に、政府による内需拡大政策の一環として、レジャー、スポーツなどの振興にも力が注がれたことにより、水上オートバイや小型のプレジャーボートなど誰もが手軽に楽しめるさまざまな種類の小型船舶（総トン数20トン未満の船舶）が普及した。これによりレジャー目的での小型船舶操縦士の免許取得者数が増加し、かつて漁業従事者が中心だった免許取得者数の多くを、水上オートバイやプレジャーボート利用者が占めるようになるなど免許取得者の質的変化が起こった。これと並行するように小型船舶による海難も増加し、小型船舶の安全対策の充実と小型船舶操縦士制度の簡素合理化を図ることが強く求められた。このことから、国土交通省は2002（平成14）年6月7日（法律第60号）改正において、半世紀余り続いた船舶職員の資格制度を大幅に見直し、これまでの船舶職員資格制度から小型船舶の船長を分離して、「小型船舶操縦者」と新たに位置づけた。そして、小型船舶の範囲を見

直すとともに小型船舶操縦免許の資格区分を再編成し、試験の簡素化、小型船舶操縦者の遵守事項の明文化、違反者に対する行政処分及び再教育制度の新設など所要の改正を加え、名称も新たに「船舶職員及び小型船舶操縦者法」として改正した[7]。

現行法における船舶職員及び小型船舶操縦者の資格種別は、表2.4 のとおりである。

表2.4 現行法の資格種別一覧（2019（平成31）年3月時点）

対象		資格種別
大型船舶	甲板部	一級～六級海技士（航海）
	機関部	一級～六級海技士（機関）
	無線部	一級～三級海技士（通信），一級～四級海技士（電子通信）
小型船舶		一級～二級小型船舶操縦士，特殊小型船舶操縦士

図2.21 海技免状（サンプル，実物はA4サイズ）

---

7 日本海事代理士会：『船舶職員法及び小型船舶操縦者法ガイダンス』，pp.1-5，2018年

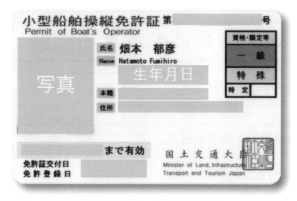

図2.22　小型船舶操縦免許証（サンプル，実物は縦5.4cm、横8.6cm）

写真2.14　漁船や屋形船などは小型船舶免許（特定操縦免許が必要）で運航される。

第 3 章

内航海運の抱える課題

本章では、内航海運業界が抱えている課題について説明する。

3.1 内航船員の高齢化と不足

3.1.1 内航船員の高齢化

　図 3.1 は、内航船員の年齢構成を示す図である（2019（令和元）年 10 月 1 日時点）。内航船員の総数は 21,213 人である。このうち、60 歳以上が約 28.4%、50 歳以上が内航船員全体の約 51.5% を占めており、内航船員の高齢化が進んでいることがわかる。また、2009（平成 21）年から 2019（令和元）年までの 10 年間（表 3.1）を見ると、内航船員は 21,498 人から 21,213 人にわずかに減少しているが、60 歳以上の内航船員は、この間に 2,385 人も増加しており、内航船員の高齢化が急激に進んでいる状況がわかる。

　一方、30 歳未満の船員は、2009（平成 21）年の 1,974 人（9.2%）から 10 年間で 3,765 人（17.7%）へと増加しているものの、60 歳以上の高齢層の割合が 3,639 人（16.9%）から 6,024（28.4%）と、高齢船員の増加の方が依然として高い状態にある。

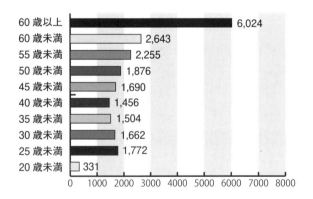

出典：国土交通省 海事局 船員政策課提供の資料より作成

図3.1　内航船員の年齢構成（2019（令和元）年10月1日時点）

表3.1 年代別内航船員数の経年変化 （単位：人(%)）

西暦（和暦）年 年齢区分	2009 (H21)	2011 (H23)	2013 (H25)	2015 (H27)	2017 (H29)	2019 (R01)
25 歳未満	1,090 (5.1)	1,147 (5.7)	1,367 (6.8)	1,618 (8.0)	1,885 (9.1)	2,103 (9.9)
25 歳以上 30 歳未満	884 (4.1)	1,020 (5.1)	1,092 (5.5)	1,271 (6.3)	1,494 (7.2)	1,662 (7.8)
30 歳以上 35 歳未満	1,230 (5.7)	1,081 (5.4)	1,088 (5.5)	1,173 (5.8)	1,384 (6.7)	1,504 (7.1)
35 歳以上 40 歳未満	1,488 (6.9)	1,416 (7.1)	1,430 (7.2)	1,362 (6.5)	1,352 (6.6)	1,456 (6.9)
40 歳以上 45 歳未満	1,916 (8.9)	1,748 (8.8)	1,692 (8.5)	1,663 (8.2)	1,690 (8.2)	1,690 (8.0)
45 歳以上 50 歳未満	2,428 (11.3)	2,265 (11.3)	2,104 (10.6)	1,977 (9.8)	1,969 (9.5)	1,876 (8.8)
50 歳以上 55 歳未満	3,824 (17.8)	3,068 (15.3)	2,699 (13.6)	2,454 (12.1)	2,264 (11.0)	2,255 (10.6)
55 歳以上 60 歳未満	4,999 (23.3)	4,176 (20.9)	3,615 (18.2)	3,387 (16.7)	2,884 (14.0)	2,643 (12.5)
60 歳以上	3,639 (16.9)	4,078 (20.4)	4,806 (24.1)	5,389 (26.6)	5,731 (27.7)	6,024 (28.4)
合計	21,498 (100)	19,999 (100)	19,893 (100)	20,258 (100)	20,653 (100)	21,213 (100)

出典：国土交通省 海事局 船員政策課提供資料より作成

（1）高年齢者の多い船員の特徴

　日本人船員の労働組合組織である全日本海員組合（以下、海員組合という）は、そのホームページにおいて、海員組合に加入していない船員（以下、未組織船員という）の場合、雇用や労働条件など、雇用主との労働条件が明確にされていないケースが大部分であり、乗り組み定員も少ないのが一般的であるという。さらに、未組織船員を雇用する会社（以下、未組織会社という）では、船員労働諸法制違反が常態化しているといっても過言ではなく、不安定雇用、低賃金、違法長時間労働など、船舶の安全運航の面からも大きな阻害要因となっているという[1]。この海員組合の主張に関して

1 全日本海員組合：「組織と主要活動，2. 国内部門の活動（国内局 - 国内部、組織部）」，http://www.jsu.or.jp/general/about/sosiki.html，2017年5月4日参照

客観的根拠は示されていないが、ここで、海員組合に加入している船員（以下、組織船員という）と未組織船員について年齢構成の違いを確認する。

　内航船員全体の年齢構成を把握するための統計データとしては、船員法 第111条に基づき船員の雇用主が国土交通省に提出した事業状況報告書（以下、船員雇用報告書という）によるものと船員需給総合調査結果報告書（以下、船員需給調査報告書という）がある。船員雇用報告書は、内航海運におけるすべての船員雇用主を対象としているが、船員需給調査報告書は、組織船員を雇用する事業者（以下、組織会社という）を対象としている。そこで、船員需給調査報告書に示されている船員数データを組織船員の総数であると仮定し、これら2つの統計データを基に組織船員と未組織船員に分けて、年齢構成について比較する。

　図3.2は、2018（平成30）年の船員雇用報告書と船員需給調査報告書を比較し、組織船員と未組織船員の割合を5歳区分で分類し比較したものである。未組織船員の割合は高齢船員であるほど高く、特に60歳以上の船員は、全体と比べて10%以上高く、約9割が未組織船員である。

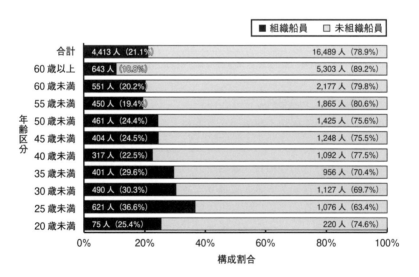

出典：国土交通省 海事局 船員政策課提供のデータより作成

図3.2　内航の組織船員と未組織船員の割合（2018年10月1日時点）

（2）未組織船員の多い船舶と総トン数

　船員需給調査報告書によれば、総トン数500トン未満の内航船に乗り組む組織船員は、554人である（2018年10月1日時点）。また、組織船員の予備船員数（1,451人）及び乗組船員数（2,962人）から予備船員率は49.0%である。この予備船員率を基準とした総トン数500トン未満の組織船員数は826人であり、内航船員全体（20,902人）の4.0%に相当する。

　一方、総トン数500トン未満の内航船（4,064隻）のうち、組織船員が乗船している船舶（以下、組織船という）は、113隻（2.8%）である。したがって、総トン数500トン未満の船舶の約97%は、未組織船員が乗船している船舶（以下、未組織船という）ということになる。

3.1.2　内航船員の不足

　内航船員の不足は、近年まで顕在化することがなかった。その理由は、外航海運と漁船からの転職者が内航海運に移ってきたこともあって、内航船員不足を補充できていたからである[2]。内航船員の不足が顕在化しなかった理由は以下の5つであるとされる[3]。

① 1970年代に入り各国が200海里漁業専管水域を設定し始めたことから、日本の遠洋漁業が縮小され、大量の漁船船員が職を失ったことによる。この漁船船員が、内航船員に転職したため。

② 1976年から外航海運において日本人部員の採用が廃止され、これ以降部員を目指していた船員が内航に向かったため。

③ 1985年のプラザ合意以降の円高に対応するため、外航海運が緊急雇用対策を実施し、外航船員が退職を余儀なくされ、この外航船員が内航に再就職したため。

④ 内航船員を引き抜くなど、内航船員が内航

出典：日本内航海運組合総連合会

写真3.1　船員を募るためのDVD

2 喜多野和明：「わが国内航船員の現状と確保・育成への課題」，『海と安全』，No.534，pp.56-61，2007年
3 森隆行編著：「内航船員問題」，『内航海運』，晃洋書房，pp.135-156，2014年

に再就職したため。

⑤ 内航船員の定年を引き上げたことによるもの。

　国土交通省が作成している船員職業安定年報は、船員労働市場の動きに関する統計を示したものである。国土交通省は、船員職業安定年報において、船員の区分を大きく「商船等」と「漁船」に分けている。さらに国土交通省は、「商船等」を航行区域の違い、貨物と旅客船の区別、民間と国の船舶に乗り組む船員などで区分し、「遠洋」、「近海」、「内航」、「平水」、「旅客船」、「その他」の6つに分けている。

　しかし、「近海」には、近海国際の船舶に乗り込む外航船員だけでなく、限定近海（非国際）の船舶に乗り組んでいる内航船員が含まれている。また、「平水」は、港内の作業船の船員も含まれる一方で、平水区域を航行区域とした内航船の船員も含まれているが、これらの詳細は明らかにされていない。このため、本書では、以下、国土交通省が示す「内航」だけを実際の内航船員として取り扱い、その他の船員のデータは参考値して取り扱う。

　図3.3は、1985年から2019年までの内航船員の有効求人倍率の推移を示したものである。有効求人倍率は、有効求人者数を有効求職者数で除したものであり、有効求人倍率が1倍を超えることは、求職者よりも求人者数の方が多く、事業者の採用活動が困難な状態であることを意味している。

　図3.3において、有効求人倍率が1倍を超えた時期は、㋐ 第一期1990～1991年、㋑ 第二期2007～2008年、㋒ 第三期2013～2019年の3つの時期（以下、内航船員不足期という）である。

　ここで、図3.3と同じ時期について、事業者が船員を求めていた求人件数よりも職を求めていた船員数の方がどれだけ多かったかを確認する。

　図3.4は、各種日本人船員の有効求職数から有効求人者数を引いた人数（以下、余剰求職者数と定義する）の推移を示す。図3.4で、余剰求職者数がプラスである場合は、有効求人者数よりも有効求職者数の多いこと、すなわち職を求める船員数が求人者数よりも多いことを意味する。逆に余剰求職者数がマイナスの値は、有効求職者数よりも有効求人者数の方が多く、船員を求める事業者の求人件数の方が多いことを意味している。

　図3.3において、有効求人倍率が1を超えていた時期（前述有効求人倍率が

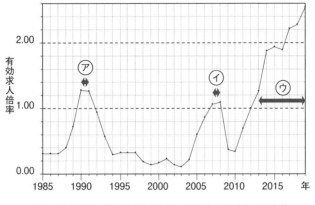

出典：国土交通省『船員職業安定年報』（1985〜2019年）より作成

図3.3　内航船員の有効求人倍率の経年変化

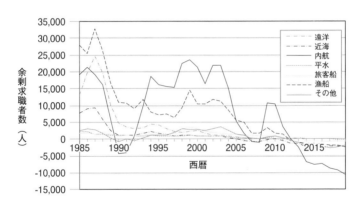

出典：国土交通省『船員職業安定年報』（1985〜2019年）より作成

図3.4　内航船員の余剰求職者数の経年変化

　1倍を超えた時期を示す、㋐，㋑，㋒）を詳しくみるため、図3.4の値を抜き出し、表3.2に示す。㋐の時期は、内航船員が不足しているものの、それを補てんできる人数の船員が外航船員（遠洋船員，近海船員）と漁船船員に十分存在している。このため、㋐1990〜1991年の内航船員の不足時期には、外航船員と漁船船員が内航船員として転職したたため内航船員の船員不足が顕在化しなかったという理由がわかる。

表3.2　内航船員不足期の余剰求職者数（単位：人）

年 区分	㋐ 第一期 (1990 - 1991)		㋑ 第二期 (2007 - 2008)		㋒ 第三期 (2013 - 2019)			
	1990	1991	2007	2008	2013	2014	2018	2019
遠洋	4,786	3,577	155	68	202	98	59	87
近海	1,254	1,138	-686	-638	-1,390	-2,315	-2,167	-2,278
内航	-4,170	-3,952	-585	-947	-2,415	-6,811	-9,164	-10,642
平水	1,113	1,220	252	162	297	158	-176	-185
旅客船	819	1,281	1,151	802	241	-473	-512	-600
漁船	11,137	10,858	1,869	1,675	-856	-1,220	-1,940	-2,474
その他	-797	-10	147	79	-933	-1,759	-2,292	-1,834
合計	14,142	14,112	2,303	1,201	-4,854	-12,322	-16,192	-17,926

出典：国土交通省『船員職業安定年報』（1990〜2019年）より作成

　次に㋑の時期は、既に外航船員（遠洋船員，近海船員）が不足しているが、漁船船員や旅客船船員において求職者が多く存在し、当該求職者が内航船員へ転職することによって、内航船員の不足分を十分に補てんできる。このため、㋑の期間は、漁船船員が内航船員として転職することによって、内航船員の船員不足が顕在化しなかったという理由が成り立つ。しかし、近海船員の多くが限定近海（非国際）の船舶に乗り組む内航船員であったとすれば、既にこの頃には、内航船員の不足が深刻であったといえる。

　㋑の時期に内航船員が急激に不足した理由は、2005年の船員法の改正によって、航海当直を行う者は、すべて六級海技士（航海）以上の海技士資格を有さなければならなくなったため、それまで甲板部員が航海当直に入っていた船舶において六級海技士（航海）以上の海技士資格を有する船員が必要になったことや、安全最少定員が定められ、それまで最低限の船舶職員しか乗船さ

せていなかった船舶で乗組員の増員を余儀なくされたためである。その後、2008年9月に発生したリーマン・ショックの影響により日本の景気も一時的に落ち込み、2011年3月に発生した東日本大震災の影響もあり、一時的な国内輸送の落ち込みの影響から内航船員の不足が一時的には解消されている。

しかし、⑦の期間に入ると、2014年以降、内航船員は年間約7,000人の求職者不足が生じており、2019年には約10,000人に達し、日本人船員全体においても約18,000人が不足している。この時期以降、他の職種から内航船員への転職が見込める状態になく、内航船員の不足が顕在化し、その状況はより深刻化している。

一方、船員不足期以外の時期を図3.3と図3.4で確認すると、有効求人倍率が1を下回る時期は、年間1万人規模で余剰求職者が存在し、多い時期では、2万人を超えている。このような状態の時は、内航船員として就職したくても就職できない船員が多いため、船員を求める事業者は容易に船員の確保が可能となり、新卒者を育てるよりも育成費用や教育期間を必要としない即戦力と呼ばれる船員経験者を好んで採用するようになる。プラザ合意により外航船員が大幅に減少し始めた1985年以降、内航船員の有効求人倍率が1倍を超え、余剰求職者数がマイナスとなる時期はほとんどなく、逆に有効求人倍率が1倍を下回り、余剰求職者数がプラスとなっている時期の方が多い。このような背景から、内航船員の新卒者採用は大手企業などに限られ、新人船員を積極的に採用して育てる状況になかったこと[4]が現在の内航船員の高齢化を招いていると考えられる。これは、船員の育成が長期的な視点で取り組まれなかった結果である。

---

4 国土交通省：「取り巻く環境（はじめに）」，『内航海運グループ化について＊マニュアル＊』，p1，2008年

内航海運研究の困難性

内航海運研究に関して、佐々木[5]は「内航海運の研究をしてみようと思いたっても、ほとんど、依拠すべき既往研究書がなく、事実・実際から学ぼうにも、統計資料が余りあてにならない」とする。また、「内航海運の実態が、国民一般にも、われわれ海運研究者にもよくわからず、官庁や〔海運〕業界首脳部でさえ、適確充分に認識しているとは思えないといわれていながら、内航海運対策は早急かつ強力におし進めなければならぬと力説もされ、その必要・妥当が認められもするのは、見方によっては、奇妙・滑稽に感じられます」と述べている。

杉山[6]は、内航海運を主題に論じた研究成果が極めて限られている理由を「内航海運業を構成している企業の多くが小規模であることから、内航海運に関しては研究者の目的意識を満す基礎資料も十分には整備されにくいこと」、「業界が調査，研究活動に相対的に無関心であること」とする。さらに、「圧倒的多数を占める小規模事業者には研究目的に対応するだけの余裕がなく、したがって内航海運全体を客観的に把握するための基礎資料の欠乏はいたし方のないことと解釈するべきかもしれない」ともいう。

内航海運研究会（2010年設立）の最初の研究成果では、森隆行代表が、① 内航海運業界の構造の複雑さが諸問題の解決を困難にしている、② 船員問題がすべての内航海運企業を対象としたものではなく中小零細船主の問題である、③ 土俵が異なる問題を比較して議論していることがある、などと指摘し、「内航海運の問題は複雑であるがために、解っているようでいて、正しく理解していないことが多い」とする[7]。

私が、内航海運に深く関わるようになってから約15年が経過した。そのうちの5年半は、大学院において内航海運の研究を行い、約6年間は、内航海運業者に雇用される船員として働いた。そして今、先人達の述べた意見をしみじみと実感しているところである。例えば、内航海運業界内及び関係者の間で、船員不足に対する客観的かつ統一的な定義が存在しておらず、どのように判断すれば良いか考えているところである。

（畑本郁彦）

5 佐々木誠治：『内航海運の実態』，海文堂出版，pp.1-11，1966年8月
6 杉山雅洋：「内航海運をめぐる若干の問題」，『海運経済研究』，第22号，pp.109-125，1988年
7 内航海運研究会：『内航海運研究』，第1号，p1，2012年

3.2 内航船の老朽化

3.2.1 総トン数500トンの壁

内航船は、総トン数 500 トンを境に船舶の法定設備や船内環境が大きく異なる。例えば、総トン数 500 トン未満の船舶の航海計器は、AIS（船舶自動識別装置）（写真 3.2）やジャイロコンパス（写真 3.3）を必要としない。また、機関設備では、2 組以上の発電設備や非常電源を必要としない。さらに、甲板部職員の海技士資格は、四級海技士から下であり、法定の甲板部職員は 2 名以下（200 総トン未満では 1 名）である。その他にも、港則法による入出港等の規制や港湾運送事業法による荷役業者に関する規制も存在している。

写真3.2　AIS（船舶自動識別装置）

写真提供：大和健太郎（船長）

写真3.3　ジャイロコンパス

表3.3　総トン数区分・航行区域別の構造・設備基準

		総トン数 500 トン未満	総トン数 500 トン以上
航海用具		レーダー，GPS，磁気コンパス，船速距離計等　船首方位伝達装置 (THD)	レーダー，GPS，磁気コンパス，船速距離計等　ジャイロコンパス，船舶自動識別装置 (AIS)
電源装置	沿海	発電設備	発電設備
	限定近海	発電設備，補助電源（無線用）	2 組以上の発電設備（主電源）　非常電源，補助電源（無線用）
防火・消防設備	沿海	消火ポンプ，消火栓，消火器等	消火ポンプ，消火栓，消火器等　機関区域の固定式消火装置
	限定近海	消火ポンプ，消火栓，消火器等	消火ポンプ，消火栓，消火器等　機関区域：固定式消火装置・防火仕切り　調理室：防火仕切り

出典：国土交通省委員会資料より作成[8]

8 国土交通省：『船舶のトン数に係る規制について』，オンライン，http://www.mlit.go.jp/common/001158266.pdf，2017年5月4日参照

（1）入出港及び停泊に関する規制

　総トン数 500 トン（関門港若松地区は 300 トン）以上の船舶は、京浜港、阪神港及び関門港内に停泊しようとするとき、錨地の指定を受けなければならない（港則法第 5 条第 2 項、同施行規則第 4 条第 1 項）。

　特定港の係留施設の管理者は、係留施設に総トン数 500 トン以上の船舶を係留するとき、港長に届け出なければならない（港則法第 5 条第 5 項、同施行規則第 4 条第 4 項）。

（2）荷役業者に関する規制

　港湾荷役事業者のうち、沿岸荷役行為のみの許可を受けている者は、総トン数 500 トン以上の船舶の荷役を行うことができない。つまり、船舶が荷役を行う岸壁において荷役を行う事業者が、沿岸荷役行為のみを許可された事業者の場合は、総トン数 500 トン以上の船舶の荷役を行うことができないこととなり、当該岸壁に配船できなくなる。

　表 3.4 は、内航船の船種・総トン数区分別の隻数を示す。内航海運で使用する船舶は、総トン数 500 トン未満の割合が全体の約 8 割を占め、特に総トン数 100 トン以上 500 トン未満の内航船の割合が最も高く、全体の約 44% を占める。

3.2.2　内航船の老朽化

　表 3.5 は、2020 年における内航船の船齢構成を示している。内航船は、建造からの経過年数が 14 年（税法上の償却年数）以上の老齢船が 69.4%（隻数比）を占めており、新造船の割合は 1.3% である。船齢別平均船型でみると、14 年未満の船舶が 1,000 総トンを超えているのに対し、14 年以上の老齢船が 492 総トンとなっている。内航船の約 8 割が 500 総トン未満であることを考慮すると、内航船の船齢は、小型船であるほど老齢化が進んでいるといえる。

表3.4 船種・総トン数区分別の内航船隻数 (2020年3月31日時点, 単位：隻)

総トン数 船種	100トン 未満	100トン以上 500トン未満	500トン以上 700トン未満	700トン以上 1,000トン未満	1,000トン 以上	合計
タンカー	234	541	40	227	187	1,229
タンカー 以外	1,550	1,754	116	225	351	3,996
合計 (%)	1,784 (34.1)	2,295 (43.9)	156 (3.0)	452 (8.7)	538 (10.3)	5,225 (100)

出典：日本内航海運組合総連合会 『令和2年度版 内航海運の活動』

表3.5 内航船の船齢構成 (2020年3月31日時点)

区分	タンカー注		タンカー以外注		合計	
船齢	隻数（隻）	構成比（%）	隻数（隻）	構成比（%）	隻数（隻）	構成比（%）
新造船	20	1.6	46	1.2	66	1.3
1〜7	227	18.5	547	13.7	774	14.8
7〜14	280	22.8	479	12.0	759	14.5
14〜	702	57.1	2,924	73.1	3,626	69.4
合計	1,229	100	3,996	100	5,225	100

注 ① 内外航併用船を含み、塩の二次輸送船、原油の二次輸送船及び沖縄復帰にかかわる石油製品用許可船を含まない。
　　② 船齢不詳船舶を除く。
　　③ 20 総トン未満の営業船を含む。
　　④ ここでは油送船、特殊タンク船の数値の合計を、貨物船にセメント専用船、自動車専用船、土・砂利・石材専用船、その他貨物船の数値の合計を計上している。

出典：日本内航海運組合総連合会 『令和2年度版 内航海運の活動』 を基に作成

3.3 船舶事故と船員災害

3.3.1 船舶事故の現状

　船舶事故に関して発表されている公的な統計資料は2種類ある。ひとつは海上保安庁が認知した船舶事故の件数によるもの、他のは運輸安全委員会（2008年10月発足）の調査による船舶事故の件数である。本書では、交通安全対策基本法（昭和45年法律第110号）に基づき毎年国会に提出されている交通安全白書に示されている海上保安庁の船舶事故統計を使用する。

　海上保安庁は、船舶事故統計において、2007年から国際航海に従事する船舶と国際航海に従事しない船舶の分類を行っている。海上保安庁は、船種を「貨物船」、「タンカー」、「旅客船」、「漁船」、「遊漁船」、「プレジャーボート」、「その他」に分類している。このため、内航船は、国際航海に従事しない「貨物船」及び「タンカー」として分類されている。なお、ここでの「貨物船」とは、本書でいうタンカー以外の船種の船舶である。また、内航船は、100トンを境に内航海運業法上の事業者区分が異なることから、船舶の総トン数区分を① 500総トン以上、② 100総トン以上500総トン未満、③ 100総トン未満の3つに区分して事故発生率を確認する。

　図3.5は、内航船の事故発生率を100総トン未満、100総トン以上500総トン未満、500総トン以上の3つに区分に分けて10年間の推移を示したグラフである。

　100総トン未満の船舶は、100総トン以上500総トン未満及び500総トン以上の船舶と比較して事故発生率が明らかに低くなっている。また、100総トン以上の船舶の事故率は、2016年から2018年の3年間で見ると、2016年から上昇傾向にある。そこで、100総トン以上の内航船について、事故原因の推移を確認してみる。

　図3.6は、100総トン以上の内航船の事故原因をヒューマンエラーによるものと、それ以外の要因によるものに分類した割合を示す。100総トン以上の船舶事故原因は、ヒューマンエラーが10年間を通じて8～9割を占めている。

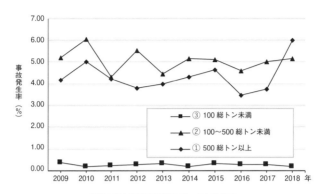

出典：海上保安庁提供のデータより作成

図3.5　内航船の総トン数別事故発生率の経年変化

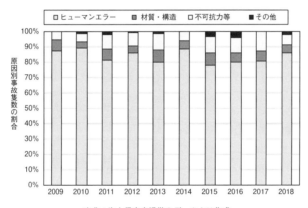

出典：海上保安庁提供のデータより作成

図3.6　100総トン以上の内航船の事故原因と原因別事故隻数の割合の経年変化

写真3.4　鳴門海峡を通過する内航船

写真3.5　並走する内航船

不_ふ埒_{らち}な船乗りとシーマンシップ（Good Seamanship）

　不埒（ふらち）とは、広辞苑（岩波書店・広辞苑第六版）によると、ふとどき（不注意）、埒のあかないこと、物事の決着のつかないこと、要領を得ないことを意味するネガティブな意味がある。そこで、不埒な船乗りとは、不注意な船員、あぶない船員を意味し、安全運航を妨げる要素のある船員を示す。すなわち、シーマンシップ（安全運航に必要とされる船員としての資質と能力）を兼ね備えた船員像の対極にある船員が"不埒な船乗り"である。海難や事故を引き起こしている船橋当直者の日常態度や言動の大多数は、不埒な当直者の不適切な見張りによって発生している。

　不埒な船乗りとは、以下の表中に示す行為が常態化している船員である。あなたはどうでしょう？

（古荘雅生）

表C-1　不埒な船乗り

○ポケットハンドをする	○朝の挨拶、当直交代時の挨拶ができない
○アルコールチエックをしない	○救命設備を検査用具という
○無断で勝手に上陸する。帰船したことを上司に報告しない	○二人以上でやるべき作業を一人でやる
○復唱（繰り返し言うこと）をしない	○岸壁や桟橋係留時に縄梯子を使って乗下船する
○当直中、テレビを見たり、携帯電話やスマホを使ったりしている	○食事の時、テーブルに肘をついて食べる
○うるさいのでＶＨＦ（無線電話）の音量を下げ、電源を切る	○給油作業中、勝手に持ち場を離れる
○スリッパを履いて当直する	○ライン（係留索）をまたいで離着岸作業をする
○見知らぬ人間が自船に乗っているのに誰何_{すいか}しない	○航海中、居室内で、入り口の扉を閉めきっている
○灰皿に水を入れていない	○当直時刻に遅刻し、当直の引継ぎをほとんどしない
○階段の手すりを持たず昇降する	○甲板上のスカッパーの掃除をしない
備考：海事補佐人 Capt. 鈴木邦裕氏の調査研究から抜粋・編集	

3.3.2　船員災害（疾病以外）の現状

　船員災害とは、「作業行動もしくは船内生活によって船員が負傷し、疾病にかかり、または死亡すること」（船員災害防止活動に関する法律 第2条 第1項）である。本項では、疾病を含まない災害発生数を抽出する（以下、船員災害を疾病のみと疾病以外に区分する）。

　国土交通省は、船員災害防止活動の促進に関する法律に基づき、交通政策審議会の意見を聴き、5年ごとに船員災害の減少目標、その他船員災害の防止に関し基本となるべき事項を定めた船員災害防止基本計画を作成している。国土交通省海事局船員政策課（以下、船員政策課という）は、船員災害防止計画を毎年公表し、その中で船員災害の発生状況を示している。しかし、この中で示されている内航船は、旅客船・フェリーが含まれ、ガット船（クレーン付き貨物船）が含まれていない。そこで、本書では、船員政策課から入手した船員災害に関するデータに基づき、内航海運業法において区分されている内航船（内航貨物船）について、過去5年間の船員災害の発生率を求める。

　図3.7は、2013（平成25）年度から5年間の内航船員の年代別船員災害（疾病以外）発生率を示す。災害発生率について、2015（平成27）年度だけ30歳以上50歳未満の中堅船員の災害発生率が他の世代よりも高くなっているが、他の4年間は、常に50歳以上の高齢船員が他の世代の災害発生率よりも高くなっている。

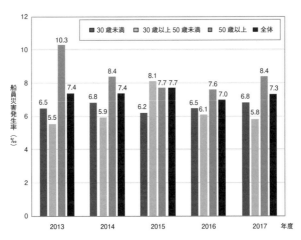

出典：船員政策課提供のデータから作成

図3.7　年齢別船員災害（疾病以外）発生率の経年変化

3.3.3 疾病の発生率

　前項では船員災害のうち、負傷等の発生状況を示したが、本項では疾病の発生状況を示す。

　図3.8は、2013（平成25）年度から5年間の内航船員の年代別船員疾病の発生率を示す。5年間を通して、50歳以上の高齢船員の疾病発生率が高くなっており、他の世代の2倍以上の疾病発生率の年も存在する。

　5年間の平均疾病発生率は、30歳未満の若年船員で4.9‰（パーミル）、30歳以上50歳未満の中堅船員で4.6‰、50歳以上の高齢船員で10.2‰となっており、50歳以上の高齢船員は他の年代の船員の2倍以上の疾病発生率となっている。

　また、高齢船員の疾病による休日日数（職務に従事することができなかった日数）を2017年度についてみると、疾病件数92件の内、52件が30日以上職務に従事することができず、その内35件が90日以上職務に従事することができなかった。さらに、当該疾病92件のうち、5件は死亡に至っている。

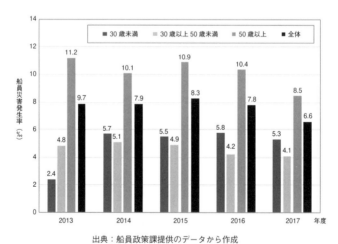

出典：船員政策課提供のデータから作成

図3.8　年齢別船員災害（疾病のみ）発生率の経年変化

3.4 事業者の零細性

（1）事業者の企業規模

　内航海運業者には、会社として法人格を有する法人の事業者と個人の事業者が存在している。登録事業者の企業規模は、資本金3億円未満及び個人の事業者が全体の93.5%を占め、特に5,000万円未満の法人及び個人が84.9%を占めている。内航海運業界は、中小零細の事業者がほとんどであるといえる。

表3.6　資本金別登録事業者数

資本金区分	運送業		貸渡業		合計 （実事業者数）	
	事業者数	構成比（%）	事業者数	構成比（%）	事業者数	構成比（%）
個人	14	2.3	88	7.3	102	5.6
1,000万円未満	117	18.9	468	38.7	585	32.0
5,000万円未満	311	50.2	554	45.8	865	47.3
3億円未満	103	16.6	55	4.5	158	8.6
5億円未満	24	3.9	23	1.9	47	2.6
5億円以上	50	8.1	21	1.8	71	3.9
合計	619	100.0	1,209	100.0	1,828	100.0

出典：日本内航海運組合総連合会　『令和2年度版 内航海運の活動』

（2）運送業者の特徴

　運送業者の 38.8% は 1 隻しか運航しておらず、次いで 5 隻以上運航している事業者（28.1%）の割合が高くなっている。

表3.7　運航隻数別にみた運送業者数

運航隻数	事業者数	構成比（%）
1 隻	240	38.8
2 隻	98	15.8
3 隻	58	9.4
4 隻	49	7.9
5 隻上	174	28.1
合計	619	100.0

出典：日本内航海運組合総連合会 『令和2年度版 内航海運の活動』

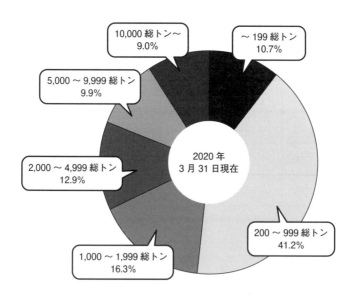

出典：日本内航海運組合総連合会 『令和2年度版 内航海運の活動』 より作成

図3.9　運航船腹量別にみた運送業者の構成

(3) 貸渡業者の特徴

　貸渡業者の約59%が、1隻のみを貸渡する事業者である。また、貸渡事業者の船腹量は、約50%が499総トン以下である。

表3.8　貸渡隻数別にみた貸渡業者数

貸渡隻数	事業者数	構成比（%）
1隻	714	59.1
2隻	249	20.6
3隻	103	8.5
4隻	55	4.5
5隻上	88	7.3
合計	1,209	100.0

出典：日本内航海運組合総連合会　『令和2年度版 内航海運の活動』

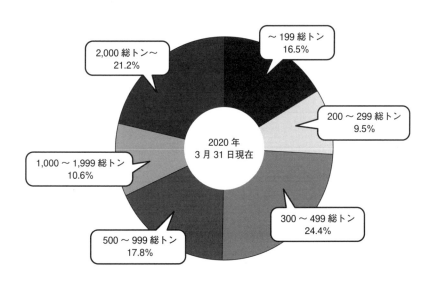

出典：日本内航海運組合総連合会　『令和2年度版 内航海運の活動』より作成

図3.10　貸渡船腹量別にみた貸渡業者の構成

3.5 内航海運業の産業構造と経営状況

図2.9（42ページ）に示したように、内航海運業界は少数かつ大規模な荷主企業の下で、少数の元請けオペレーターが当該荷主企業の輸送を一括して担い、さらに、これらの元請けオペレーターの下に、2次請け以下のオペレーターが専属化・系列化するとともに、各オペレーターの下にオーナーも専属化・系列化するピラミッド構造となっている。

このような業界構造化にあって、貸渡業者の経営状況は、表3.9のようになっており、船舶という巨額の生産設備への投資が必要であるため、固定比率や負債比率が777%～969%と他産業と比べて著しく高い割には、営業利益率が陸運業の約3分の1と低い収益となっており、「低い収益性」と「過大な投資」という矛盾した事業環境に置かれている。

また、運賃収益に関しても、他の国内輸送モードと比べて運賃上昇率が低く、1985年を100とした場合、2019年の運賃は101.6とトラック運賃の131.6と比べて、非常に低い水準となっている（図3.11）。

表3.9　貸渡業者の経営状況（2016年）

経営状況 （1者当たり平均）	貸渡業者	陸運業	全産業
売上高（千円）	438,924	643,432	524,411
営業利益（千円）	9,170	38,957	21,156
営業利益率 （営業利益／売上高）	2.1%	6.1%	4.0%
固定比率 （固定資産／自己資本）	777.4%	232.8%	137.2%
負債比率 （負債／自己資本）	969.2%	204.4%	14.3%

出典：国土交通省作成資料[9]

9 国土交通省 海事局：「5-1 内航海運業の産業構造と経営状況」，『内航海運を取り巻く現状及びこれまでの取組み』，第9回 基本政策部会 資料5，p27，2019年

　このような業界構造の中で、『平成28年度 内航海運における取引の実態に関するアンケート調査結果報告書』（日本内航海運組合総連合会）によれば、オペレーターと貸渡業者との貸渡契約期間は、定期用船契約で約40%、運航委託契約では約50%の契約が1年未満である。これに対し、定期用船契約の契約期間が、1年以上であっても代金の契約は約68%が1年以内である。このため、船主は継続的かつ安定的な収入が難しい状況にあり、内航船の税法上の償却年数（14年）を考慮すると、船舶の建造にかかる借金の返済などの長期の資金計画が立てにくい状況にある。

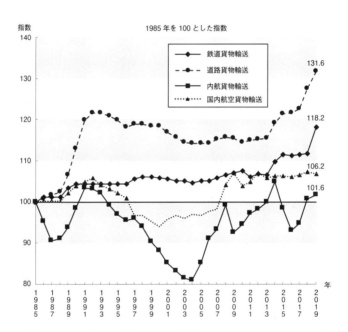

※年度の月平均値。2010年度基準接続指数及び2010年度基準指数を使用し、1985年度を100とする指数に変換。

出典：日本銀行 『企業向けサービス価格指数』

図3.11　国内貨物輸送運賃の推移

第 4 章

内航政策と事業者の活動

第3章では、内航海運業界の抱えている課題を確認した。本章では、これら内航海運業界の課題解決に向けたこれまでの内航政策と事業者の活動について説明する。

4.1 国内輸送保護政策（カボタージュ）

内航海運におけるカボタージュは、国内の港間における貨物・旅客輸送を自国の船舶に限定する制度である。日本だけでなく世界的に多くの国で取入れられている。日本のカボタージュは、船舶法で1899（明治32）年に制定された。

各国でこのカボタージュ制度が採用されているのは、その国・地域での生活物資等の安定した輸送の確保や、自国の船員による海技の伝承、さらには、海事関連産業の振興など、重要な役割をもっているからである。

このカボタージュ制度により、外国船籍の船舶は、特別の定めや海難もしく

船舶法による規制（船舶法及び同施行規則抜粋）

【船舶法】（最終改正：平成三十年五月二五日公布）

第一条　左ノ船舶ヲ以テ日本船舶トス

一　日本ノ官庁又ハ公署ノ所有ニ属スル船舶

二　日本国民ノ所有ニ属スル船舶

三　日本ノ法令ニ依リ設立シタル会社ニシテ其代表者ノ全員及ビ業務ヲ執行スル役員ノ三分ノ二以上ガ日本国民ナルモノノ所有ニ属スル船舶

四　前号ニ掲グタル法人以外ノ法人ニシテ日本ノ法令ニ依リ設立シ其代表者ノ全員ガ日本国民ナルモノノ所有ニ属スル船舶

第三条　日本船舶ニ非サレハ不開港場ニ寄港シ又ハ日本各港ノ間ニ於テ物品又ハ旅客ノ運送ヲ為スコトヲ得ス但法律若クハ条約ニ別段ノ定アルトキ、海難若クハ捕獲ヲ避クルトキ又ハ国土交通大臣ノ特許ヲ得タルトキ此限ニ在ラス

【船舶法施行規則】（最終改正：令和元年六月二八日公布）

第三条ノ二　船舶法第三条　但書ニ規定ニ依リ特許ヲ受ケントスルトキハ管海官庁（不開港場寄港ノ特許ニ在リテハ当該不開港場、日本各港ノ間ニ於ケル物品又ハ旅客ノ運送ノ特許ニ在リテハ当該物品ノ船積地又ハ当該旅客ノ乗船地ヲ管轄スル地方運輸局長（運輸監理部長ヲ含ム））ヲ経由シ申請書ヲ提出スヘシ

は捕獲を避けるとき、または国土交通大臣の特許を得たとき以外、内航輸送を行うことができない（船舶法 第3条）。つまり、内航海運はカボタージュによって日本船籍の船舶（日本人が所有）に限定されているのである。

一方で、日本籍船に乗り組む船舶職員は「船舶職員及び小型船舶操縦者法」に基づき日本の海技士資格を有した船員でなければならないが、日本人に限定されているわけではない。しかし、日本では、1966（昭和41）年に閣議決定された『雇用対策基本計画』によって、外国人の単純労働者の導入を認めないとする閣議了解がなされ、また、船員についても同様の取り扱いをするとの確認がされたことから日本籍船での外国人労働を認めていない。その結果、内航船には日本人船員のみが乗船している[1]。

このため、カボタージュを誇示することは、内航海運における直接的な船員政策ではないものの、日本船籍の内航船による輸送を保護し、内航船員の職域を確保するための重要な政策となっている。2013（平成25）年4月に閣議決定された新しい海洋基本計画は、「内航海運の安定的な輸送を確保するため、国際的な慣行となっているカボタージュ制度を維持する」[2]ことを明記しており、カボタージュ政策は、今後も続く政策と考えられている。カボタージュ政策から守られていない外航海運は、1974（昭和49）年に56,833人だった船員数が、40年後（2014年）の時点で2,271人となり約25分の1にまで減少した。漁船

表4.1 日本人船員数の推移

	1974年	1980年	1985年	1990年	1995年	2009年	2014年
外航船員数	56,833	38,425	30,013	10,084	8,438	2,187	2,271
内航船員数	71,269	63,208	59,834	56,100	48,333	29,228	27,073
漁船船員数	128,831	113,630	93,278	69,486	44,342	24,320	19,849
その他	20,711	18,507	17,542	16,973	20,925	15,526	14,757
合計	277,644	233,770	200,667	152,643	122,038	71,261	63,950

出典：国土交通省 海事レポート2016より抜粋　※外航・内航は貨物・旅客船員の合計

1 森隆行：「カボタージュ」，『内航海運』，晃洋書房，pp.29-50，2014年
2 首相官邸 総合海洋政策本部：『海洋基本計画』，p24，2013年

船員も同様に、128,831 人から 19,849 人へと約 6 分の 1 に減少した。これに対し、内航貨物船及び内航旅客船船員の数は、71,269 人から 27,073 人となり約 3 分の 1 に減少したものの、2014（平成 26）年には、内航貨物船員（20,275 人）だけで漁船船員（19,849 人）を超え、日本人船員の職域として最も多い業種の船員となっている[3]。

4.2 船腹調整・参入規制とその解消に向けた政策

　日本内航海運組合総連合会は、内航海運業界の歴史を、船舶過剰との絶え間なき戦いの日々であったという。本節では、日本内航海運組合総連合会が発行した『五十年のあゆみ』[4] や先行研究[5,6] などから、小型船海運業法（昭和 27 年 5 月 27 日 法律第 151 号）と小型船海運組合法（昭和 32 年 6 月 1 日法律第 162 号）が改正（法律名も改正）され、内航海運業法と内航海運組合法となった 1964（昭和 39）年前後からの内航海運の歴史と内航海運に影響を与えたと考えられる内航政策をレビューする。

4.2.1　内航二法の制定

　1955 〜 1964 年度（昭和 30 年度代）の国民総生産（GNP）は、平均年率約 12% の伸びを示した。1955（昭和 30）年と 1965（昭和 40）年を比較すると、内航海運は、輸送量（トン）で 139%、輸送活動量（トンキロ）で 179% となっており大幅に増加した。しかし、内航海運業界は、戦後の貴重な戦力であった粗製乱造の戦時標準型船（以下、戦標船という）と老朽船に加えて、新鋭小型鋼船の増加により、輸送需要を上回る著しい船腹過剰状態に陥っていた。その影響を受けた内航海運は、運賃の低迷が続いた。

　このため、運輸省（現在の国土交通省）は、1959（昭和 34）年 6 月に老朽旅客船の代替建造促進を目的に設立された国内旅客船公団を、特定船舶整備公団と名称変更し、対象を貨物船、油送船にも拡大して共有方式により代替建造を

3 国土交通省 海事局：『海事レポート2016』，p188，2016年
4 日本内航海運組合総連合会：『五十年のあゆみ』，pp.8-248，2015年
5 國領英雄：「現今内航海運の特殊相」，『海事交通研究』，第33集，pp.3-31，1989年
6 内航海運研究会：「船腹調整事業、暫定措置事業の歴史と背景」，『内航海運フォーラム in 博多』，pp.1-9，2016年

推進することとした。この際、特定船舶整備公団は、船舶を建造する際、新造船1隻に対し一定量の戦標船1隻の解撤を義務付けた。この方法をスクラップ・アンド・ビルド方式（以下、S&Bという）という。特定船舶整備公団は、1964（昭和39）年度から3年間の予定で、老朽船対策に取り組んだ。その際、特定船舶整備公団は、新造船の総トン数に対して解撤する船舶の総トン数の比率を、1対1.5（解撤する船舶の方を多くする）として、開始から2年間で、21万6,187万総トンの老朽船を解撤し、14万4,000総トンの共有船を建造した。1966（昭和41）年12月、特定船舶整備公団は船舶整備公団と名称を改めた。

1964（昭和39）年6月、小型船海運業法と小型船海運組合法が改正され、内航海運業法と内航海運組合法（以下、合わせて内航二法という）が成立した。

内航海運業法は、第2章でも概説したとおり、「運送の円滑かつ適確な運営を確保することにより、輸送の安全を確保するとともに、内航海運業の健全な発達を図り、もって公共の福祉を増進すること」を目的としたもので、円滑かつ適確な内航海運事業運営の確保と輸送の安全を確保するために必要な事項が定められている。

なお、この内航海運業法と小型船海運業法が大きく異なっている点は、次のとおりである。

① 小型船海運業法は、木船と500総トン未満の小型鋼船を対象としていたが、内航海運業法は、500総トン以上の鋼船を含む内航のすべての船舶（櫓や櫂による舟、漁船、国鉄連絡船は除く）を対象。

② 内航海運業法において、国は、各年度の適正船腹量を策定し、それらに照らして著しく過剰船腹量になる場合に船腹量の最高限度を設定でき、船腹量が最高限度を超えたときは登録の拒否ができる。

写真4.1　内航海運業法対象外の船

　内航海運組合法は、「内航海運事業を営む者が、その経済的地位の改善を図るため内航海運組合を結成することができるようにし、もつて内航海運事業の安定を確保し、国民経済の健全な発展に資すること」を目的としたものである。内航海運組合法と小型船海運組合法の違いは、内航海運組合法は「競争が正常の程度を超えて行われているため、内航海運業の円滑な取引が阻害され、その相当部分の経営が著しく不安定となっている場合」に、海運組合が「運賃、料金、貸渡料金、運送条件、引受数量または引受方法、船腹、物資の購入数量、購入方法、購入価格」を調整できることとした点である。

　つまり、内航二法の制定によって、国は、船腹量が過剰であることを理由に内航海運業者の新規参入を規制し、海運組合は、不況要因を理由として船腹量の調整ができるようになった点が大きな違いである。

　内航海運組合法は、1964（昭和39）年8月に施行され、同年10月に全国内航輸送海運組合と全国海運組合連合会、同年11月に全日本内航船主海運組合、同年12月に内航大型船輸送海運組合と全国内航タンカー海運組合が結成された。1965（昭和40）年9月、前述の5組合による協調体制の確立を目指した日本内航海運組合総連合会が設立された。

表4.2　全国組織海運組合結成表（1964（昭和39）年）

海運組合の名称	設立月日	設立時の組合員数	備考
内航大型船輸送海運組合	12月1日	36	内航運賃同盟を母体とする1,000総トン以上の鋼船オペレーターによる組織
全国内航輸送海運組合	10月7日	105	小型鋼船輸送協議会を母体とする小型鋼船オペレーターによる組織
全国海運組合連合会	10月1日	9,857	小型船海運組合法に基づく小型鋼船、機帆船のオペ、オーナーによる組織
全日本内航船主海運組合	11月11日	157	近海汽船協会を母体とする500総トンの鋼船船主による組織
全国内航タンカー海運組合	12月1日	685	近海タンカー協会と全国油槽船海運組合連合会が一本化し、油送船業者による組織

出典：日本内航海運組合総連合会『五十年のあゆみ』

表4.3　内航運送業者の許可基準船腹量

事業者種別	業務内容	許可基準船腹量
1号業者	500 総トン以上の鋼船を使用して営む事業（4号業者を除く）	5,000 総トン
2号業者	300 総トン以上 500 トン未満の鋼船を使用して営む事業（1・4号業者を除く）	2,000 総トン
3号業者	300 総トン未満の鋼船を使用して営む事業（1・2・4号業者を除く）	1,000 総トン
4号業者	平水区域を航行区域とする船舶・木船・はしけのみを使用して営む事業	200 総トン

4.2.2　内航二法と許可制への移行

　1964（昭和39）年に成立した内航海運業法における内航海運業は、内航運送業、内航運送取扱業及び内航船舶貸渡業の3つであった。1964（昭和39）年の内航海運業法は、従前の小型船舶海運業法と同様に登録制を採用していたため、引き続き零細な内航海運業者が多数（1965（昭和40）年11月30日時点で、内航運送業者 10,629 者、内航船舶貸渡業者 1,351 者）を占めていた。

　このため、国は、内航運送業者の使用する船腹量を一定規模とすることを義務付けて（表4.3）企業規模の適正化を図った。これを中心として内航海運業を再編成することを目的とした内航海運業法の改正（昭和41年12月26日法律第150号による内航海運業法の改正）を行い、内航運送業者の事業を登録制から許可制へと改めた[7]。

　さらに、1号業者から3号業者は、使用船舶のうち一定以上の船舶が自己所有船でなければならない。加えて、使用船舶は原則として3隻以上であること、自己所有船及び期間3年以上の定期用船及び裸用船を締結した船舶が総使用船腹の 60% 以上であること等（運輸省海運局内航課長通達 海内第 151 号）とした。

表4.4　使用船腹量に対する自己所有船腹量

使用船腹量	自己所有船腹量
1,000 総トン以上 2,000 総トン未満	200 総トン
2,000 総トン以上 4,000 総トン未満	400 総トン
4,000 総トン以上 8,000 総トン未満	800 総トン
8,000 総トン以上 16,000 総トン未満	1,600 総トン
16,000 総トン以上 32,000 総トン未満	3,200 総トン
32,000 総トン以上	6,400 総トン

---

7 國領英雄：「現今内航海運の特殊相」，『海事交通研究』，第33集，pp.3-31，1989年

このような基準を充足できない内航運送業者の多くは、内航船舶貸渡業者への変更を余儀なくされた。許可制施行直前（1967（昭和42）年3月31日）の内航運送業者数は、9,149者であったが、許可制への完全移行後（1972（昭和47）年3月31日）の内航運送業者は897者にまで減少している。一方で、内航船舶貸渡業者は、1,792者から6,057者へと大幅に増加している。

4.2.3　内航二法による船腹調整事業

内航二法による船腹調整事業は、内航海運業法に定める運輸大臣（現 国土交通大臣、以下同様）による適正船腹量及び最高限度量の設定と、この設定に基づいて日本内航海運組合総連合会が行う船腹調整事業（内航海運組合法第8条に基づく）である。

適正船腹量は、運輸大臣が、海運造船合理化審議会の意見を踏まえて、毎年度ごとに、当該年度以降5か年間における内航船の適正な船腹量を指針として示すものである。最高限度量は、運輸大臣が、内航船腹量がその適正規模に照らして著しく過大になる恐れがあると認めるときに、その最高限度を設定し、内航船の船腹量がこの最高限度を超えることとなるときは、その登録または変更登録を拒否できるというものである。

日本内航海運組合総連合会が行う船腹調整事業は、保有船腹量調整と供給船腹量調整に大別される。保有船腹量調整は、建造調整と共同解撤があり、供給船腹量調整は、配船調整と共同係船がある。内航海運組合法第8条は、「内航海運組合は、その内航海運組合の組合員たる資格を有する内航海運業者の競争が正常の程度を超えて行われているため、その内航海運事業者の事業活動に関する取引の円滑な運航が阻害され、その相当部分の経営が著しく不安定になっている場合に限り調整事業を行うことができる」と規定し、実施に関する要件（不況要素）が設けられていた。これらの調整事業は、いずれもカルテルではあるが、運輸大臣の認可（内航海運組合法 第12条 第1項に基づき、実施方法等を定めた「調整規定」の許可が必要）を得て実施する事業であり、独占禁止法の適用除外とされていた。

内航二法制定当初の保有船腹量調整は、船舶を建造しようとする者は日本内航海運組合総連合会の承認後に納付金を「財団法人 内航海運安定基金」に納め、他方で建造引当船提供者は交付金を受け取るというものであった。この納付金

単価は、交付金単価よりも低く設定されていた。

1969（昭和44）年12月、「船腹調整規定」（内航海運組合法 第12条 第1項に基づき運輸大臣の許可を受けた調整規程）が改正され、保有船腹量調整は、交付金制度からS＆B（Scrap & Build）制度に切り替えられた。

4.2.4 S&Bの廃止と内航海運暫定措置事業

S&B制度による保有船腹量調整は、その後、内航海運業者の経営に大きく影響することとなった。内航海運業者の中には、新造船を建造したいものの解撤船を持っていない事業者が存在する一方で、自己所有船を解撤し内航業界からの撤退を考えている事業者も存在し、それらの事業者の間でスクラップ船の売買が行われることとなった。つまり、S&B制度によって、スクラップ船の登録トン数は、そのまま新造船の建造トン数になるため、これが引当営業権と称する資産的評価を受けることになり、その取引市場が自然に形成されるようになった。引当営業権は、内航海運業界における有力な資産的価値を形成し、銀行もその資産価値を認めて融資を行っていた。このため、引当営業権に依存した経営を行う中小零細の内航海運業者が増えるようになった。

1998（平成10）年3月、小規模事業者が、船腹量調整事業に過度の依存体質にあり事業規模の拡大や新規参入などの業界の構造改革の妨げとなることから、「内航海運業における船腹調整事業は、できるだけ短い一定期間に限って転廃業者の引当資格に対して日本内航海運組合総連合会が交付金を交付する等の内航海運暫定措置事業の導入により、現在の船腹調整事業を解消する」とする海運造船合理化審議会の答申が閣議決定された。

同年10月、この閣議決定に基づいて、「内航海運暫定措置事業規定」が運輸大臣に許可され、内航海運暫定措置事業（以下、暫定措置事業という）が導入された。

暫定措置事業は、既存の内航船を解撤等する者に対して、日本内航海運組合総連合会が交付金を交付し、内航船を新造して新規参入する者から納付金を受け取るという仕組みである。また、暫定措置事業は、納付金と交付金とのバランスが0となった時点で終了するというものである。

暫定措置事業を開始した1998（平成10）年度、それまで鉄鋼業界で1億トンを割り込むことはないと考えられていた粗鋼生産量が、9,000万トン近くまで落

表4.5　暫定措置事業の実績（単位：億円）

	1998 年度	1999 年度	2000 年度	2001 年度	2002 年度	合計
納付金	16	46	85	67	65	279
交付金	325	269	94	113	119	920
差額	-309	-223	-9	-46	-54	-641

出典：国土交通省資料[8]より作成

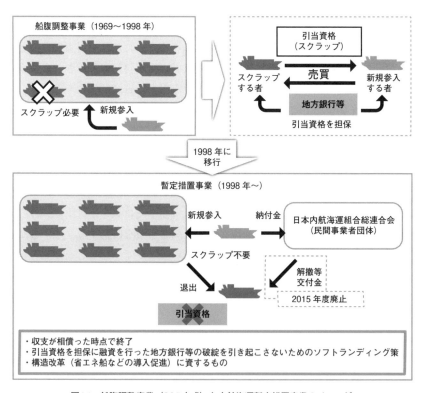

図4.1　船腹調整事業（S&B方式）と内航海運暫定措置事業のイメージ

8 国土交通省：『内航海運暫定措置事業の収支実績と今後の資金管理計画』，オンライン　http://www.mlit.go.jp/common/001084914.pdf，2017年5月23日参照

ち込んだ。この影響を受けて、暫定措置事業は、1998（平成 10）年度だけで交付金申請額が 578 億 8 千万円となり、当初の資金規模 500 億円を上回るという事態が発生した。このため、1999（平成 11）年度には、暫定措置事業は、資金規模を 200 億円拡大し 700 億円とする措置が取られた。

2001（平成 13）年初頭からは、鉄鋼を中心とする大手メーカーの在庫調整に絡んだ生産量減少の動きが顕在化した。そのことが製造業を中心とする構造不況（デフレスパイラル）として長期化したため、内航海運業界もかつてない深刻な不況状況となった。このため、暫定措置事業は、2001（平成 13）〜 2002（平成 14）年度の 2 年間で交付金申請額が約 395 億 3 千万円に達した。

表 4.5 は、暫定措置事業における納付金と交付金の実績である。5 年間で累計 641 億円のマイナスであることがわかる。暫定措置事業開始当初は、国内の構造的不況が重なったこともあり、船舶の解撤が進み、新造船の建造が行われないという問題を抱えた。

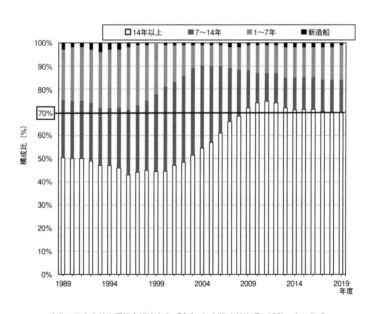

出典：日本内航海運組合総連合会『令和2年度版 内航海運の活動』より作成

図4.2　内航船船齢構成の推移

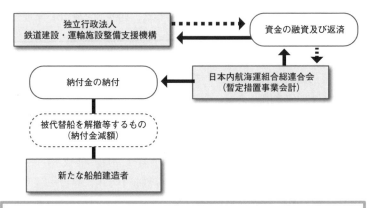

① 船舶を建造等しようとする組合員は、新造船の対象トン数に応じて、建造等納付金を納付（既存の自己船舶を解撤等し、代替建造等する場合は、建造する環境性能基準を満たすことを条件に納付金を減額することも可）する。
② 納付されている建造等納付金をもって、（独）鉄道建設・運輸移設整備支援機構からの借入金を返済している。
③ この事業は、収支が相償ったとき（令和4年度を見込む）に終了する。

出典：日本内航海運組合総連合会『令和2年度版 内航海運の活動』

図4.3　現在の暫定措置事業のイメージ

　図4.2は、内航船の船齢構成の推移を示す。船齢14年以上の老齢船は、1996（平成8）年度頃までゆるやかな減少傾向にあったが、2000（平成12）年度頃から割合が増加し始め、2009（平成21）年度には70%以上を占めるようになった。これは、暫定措置事業開始後に、それ以前と比べて代替建造が進まなくなったことを示している。この後、2011（平成23）年度をピークに老朽船が減少している。
　解撤等交付金制度については、暫定措置事業の早期解消のために2015（平成27）年度をもって終了し、2016（平成28）年度から環境性能基準や事業集約制度を導入し、新しい建造等納付金制度による借入金返済のための枠組みへと移行した。
　納付金収入に直結する船舶建造は、長らく低調な状況が続いていたが、近年は輸送需要の変化や船舶の高齢化による代替建造の活発化に伴って、建造量、納付金収入ともに堅調に推移している。このため、ピーク時には855億円に達した暫定措置事業の借入金も、2019（令和元）年度末時点では41億円まで減少している。

表4.6　暫定措置事業の借入残高の推移（単位：億円）

1998 年度	323.04	2004 年度	855.00	2010 年度	605.24	2016 年度	247.80
1999 年度	624.70	2005 年度	803.88	2011 年度	572.03	2017 年度	165.10
2000 年度	661.99	2006 年度	753.87	2012 年度	727.90	2018 年度	117.94
2001 年度	713.98	2007 年度	697.86	2013 年度	460.52	2019 年度	41.00
2002 年度	785.97	2008 年度	661.05	2014 年度	380.00		
2003 年度	747.96	2009 年度	724.00	2015 年度	329.71		

出典：日本内航海運組合総連合会『令和2年度版 内航海運の活動』

4.3 | 船舶の安全運航に関する制度

4.3.1　任意ISMコード認証制度

　外航海運業界では、1980 年代後半から 1990 年代前半にかけて、ヒューマンエラーが原因と考えられる大型海難事故が増加した。このため、海難事故を防止する上で、ヒューマンエラーの重要性が国際的に認識されるようになった。1993（平成 5）年、IMO（International Maritime Organization，国際海事機関）総会は、船舶の安全管理体制を確立することを目的とした、ISM コード（International Safety Management Code，国際安全管理コード）を策定した。

　ISM コードの適用を受ける会社は、ISM コードの要件を満たすような安全管理システム（Safety Management System，以下、SMS という）を確立し、旗国による検査に合格し、適合証書（Document of Compliance，以下、DOC という）の発給を受けなければならない。また、管理対象船舶は、SMS を確立し、旗国による検査に合格し、安全管理証書（Safety Management Certificate，以下、SMC という）と呼ばれる条約証書の発給を受けなければ、運航することができない。

　ISM コードは、1998（平成 10）年 7 月から国際航海に従事する旅客船及び500 総トン以上の油タンカー等に対し強制的に適用されている。また、ISM コードは、2002 年 7 月 1 日以降、国際航海に従事する高速旅客船を含む客船、500総トン以上のすべての貨物船及び移動式海底資源掘削ユニットとそれらの運航管理を行う会社に強制適用されている。

　ISM コードは、国際航海に従事しない内航船には適用されていない。しかし、石油業界の荷主やオペレーターは、外航海運業界の動向を踏まえ、ISM コードのような安全運航管理体制を確立することを内航海運業者に対して求めるようになった。このため、運輸省（現在の国土交通省海事局）は、2000（平成 12）年 7 月に「船舶安全管理認定書等交付規則（運輸省告示）」を制定し、申請者が任意に構築した安全管理システムを認証する制度（以下、任意 ISM コード認証制度という）を確立した。

　任意 ISM コード認証制度では、運航管理要員が極めて少ない内航海運業界の組織に対応するため、ISM コードよりも緩やかな審査基準を定めた。任意 ISM コードの認証機関は、日本政府（Japanese Government，以下、JG という）と一般財団法人 日本海事協会（Nippon Kaiji Kyokai，以下、NK という）がある。

　以下、任意 ISM コードの認証状況を確認する。2014(平成 26)年の任意 ISM コードの認証状況を表 4.7 に示す[9]。表 4.7 において、JG の認証を受けた船舶や会社の管理船舶のトン数区分は行われていないが、仮に JG の認証を受けた船舶の総数 97 隻がすべて 500 総トン未満であった場合においても、NK の認証を受けた 500 総トン未満の船舶 9 隻と合わせて 106 隻である。内航海運業界で使用

表4.7　任意ISMコードの認証状況

		JG 認証 (2014 年 9 月 28 日現在)	NK 認証 (2014 年 3 月 1 日現在)		合計	
会社数（社）		63	147（9）		210	
船舶数（隻）	オイルタンカー	70	192(2)		262	
	ケミカルタンカー	15	3(0)		18	
	オイル・ケミカルタンカー	10	97	32(5)	366(9)	42	463
	ガスキャリア	0	92(2)		92	
	その他の船舶	2	47(0)		49	

（ ）内は、500 総トン未満の船舶を管理する会社と隻数を示す

9　畑本郁彦・古荘雅生：「内航船員育成のための安全管理に関する研究」，『日本海洋政策学会誌』，第5号，pp.73-92，2015年

写真4.2　ISMコードの対象となる掘削リグ（掘削ユニット）と外航客船

されている 500 総トン未満の船舶は、4,349 隻であり、最大でも 2.4％しか任意
ISM の認証を受けていないことになる。

　同様に、JG の認証を受けた会社 63 社のすべてが 500 総トン未満の船舶を管
理する事業者と仮定した場合、NK の認証を受けた 500 総トン未満の船舶を管
理する事業者 9 社と合わせた事業者数は 72 社である。内航海運業者と登録事業
者の総計 3,165 者と比較すると、任意 ISM コードの認証を受けた事業者は、最
大でも 2.3％ となる[10]。

　したがって、500 総トン未満の内航船で任意 ISM コードの認証を受けている
船舶及び当該船舶を管理する会社の数は極めて少ないと判断される。

4.3.2　運輸安全マネジメント

　2005（平成 17）年、JR 西日本の福知山線列車脱線事故をはじめ、鉄道、航空、
自動車及び海運の各公共交通機関においてヒューマンエラーが原因と考えられ
るさまざまな事故やトラブルが、相次いで発生した。このため、国土交通省は、
「公共交通に係るヒューマンエラー事故防止対策検討委員会」を設置し、ヒュー
マンエラーによる事故の防止対策を検討した。

　2006（平成 18）年 4 月、公共交通に係るヒューマンエラー事故防止対策検討
委員会は、『公共交通に係るヒューマンエラー事故防止対策検討委員会　最終と

---

10 日本内航海運組合総連合会：『平成26年度版　内航の活動』，p11，2014年

りまとめ』を公表した。これを受け、国土交通省は、2006 年 10 月 1 日に「運輸の安全性の向上のための鉄道事業法等の一部を改正する法律」を施行し、運輸事業者に対し、安全管理体制を記載した安全管理規程の作成及び届出、安全管理体制の運営を統括管理する安全統括管理者の選任及び届出を義務付けた。内航海運の場合、安全管理規程の届出等の義務は、運送業者（オーナーオペレーター及びオペレーター）のみに課せられている。このため、貸渡業者 (オーナー及びみなし事業者) や船舶管理会社は安全管理規程等を届け出る必要がない。

　運輸マネジメント制度は、運輸事業者が安全管理体制を構築するに当たり、以下の 14 項目の取り組みを求めている [11]。

　　① 経営トップの責務
　　② 安全方針
　　③ 安全重点施策
　　④ 安全統括責任者の責務
　　⑤ 要因の責任・権限
　　⑥ 情報伝達及びコミュニケーションの確保
　　⑦ 事故、ヒヤリ・ハット情報等の収集・活用
　　⑧ 重大な事故等への対応
　　⑨ 関係法令等の遵守の確保
　　⑩ 安全管理体制の構築・改善に必要な教育・訓練等
　　⑪ 内部監査
　　⑫ マネジメントレビューと継続的改善
　　⑬ 文章の作成及び管理
　　⑭ 記録の作成及び維持

　国土交通省は、上記の取り組みに対して、PDCA（Plan-Do-Check-Act）サイクルにより継続的に改善し、経営トップから現場まで一丸となって安全性の向上を図ることを求めている。PDCA サイクルとは、Plan（計画）、Do（実行）、Check（評価）、Act（検証）をひとつのサイクルとして繰り返し実行することにより、業務の改善などに繋げることである。

11 　国土交通省大臣官房 運輸安全監理官：『運輸事業者における安全管理の進め方に関するガイドライン』，2010年

　国土交通省は、この制度の取り組みを行政側から支援するために、事業者の安全管理体制の状況を確認するための運輸安全マネジメント評価を実施し、改善やさらなる取組推進のための助言を行っている。国土交通省の助言は、保安監査のような処分に繋がる性格のものではなく、事業者の実情に合った方法で、輸送の安全性を向上するための自主的な取り組みを行う上で参考とするものである。

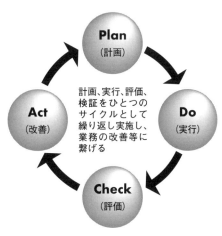

図4.4　PDCAサイクルのイメージ

　しかし、2011（平成23）年12月に国土交通省が取りまとめた『運輸の安全確保に関する政策ビジョン 〜特に、安全管理体制の確保について〜』では、今後の課題として、運輸マネジメント制度に関する中小事業者の理解が進んでいない点が挙げられた。この課題に対応し、国土交通省は、中小事業者への普及・啓発を推進するため、民間のリスクマネジメント会社、運輸関係等団体及び国土交通省が参画する「運

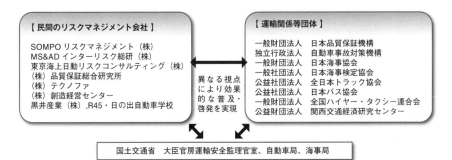

出典：国土交通省作成資料[12]

図4.5　協議会のメンバー（2020（令和2）年7月31日時点）

12　国土交通省大臣官房 運輸安全監理官：『運輸安全マネジメント普及・啓発推進協議会の概要』，オンライン，2010年，https://www.mlit.go.jp/report/press/content/001355722.pdf，2020年9月8日参照

輸安全マネジメント普及・啓発推進協議会」を2012（平成24）年設立した。国土交通省は、同協議会での協議をもとに、普及・啓発の効果的な手法として、2013（平成25）年より認定セミナー（民間機関等が国土交通省の認定を受けて実施する運輸安全マネジメントセミナー）を開始した。

その後も、国土交通省大臣官房は、2015（平成27）年の『運輸安全マネジメント制度の現況について』において、内航海運の場合、内航海運業者と職場（船舶）との物理的な距離が離れていることから、鉄道や航空という他の輸送モードと比べて運輸安全マネジメントにおけるCheck-Act（評価と改善）の取組が弱いと指摘している[13]。長谷（2014）[14] は、「海運事業者においては、船舶運航者（オペレーター）と船舶所有者（オーナー）が異なる場合や、船舶管理（マンニング）を別の会社で行っている場合等、複雑な運航管理・事業運営を行っている場合がある」とし、「安全管理を適切に実施していくうえで、自社における安全管理体制の構築だけではなく、これら船舶所有者等の協力会社を含めた形で安全の確保に関するPDCAサイクルと適切に機能させ安全管理を推進していくことが必要である」と指摘している。

写真4.3　補油時の燃料タンク測深状況。漏油事故を防止するために行われる。

13　国土交通省　大臣官房：『運輸安全マネジメント制度の現況について』，pp.4-5，pp.13-14，2015

14　長谷知治：「国内海運に係る運輸の安全確保について」，『日本海洋政策学会誌』，第4号，pp.88-105，2014年

4.4 | 船員育成に関する内航海運業者たちの取り組み

4.4.1 活動の経緯

　2005（平成17）年4月、国際ルールの変更に連動した船員法の改正により、航海当直に従事する者は六級海技士（航海）以上の有資格者でなければならないとされた。この改正により、これまで甲板部員や機関士が航海当直を行っていた船舶は、海技士資格（海技免状）を有する者が必要とされ、海運業界において船員が不足することが予想された。このため、国土交通省は、甲板当直部員としてある一定の乗船履歴を有する者が、指定の講習を受けることによって、六級海技士（航海）の資格が得られる講習の条件（乗船履歴）の緩和を行った。

　また、国土交通省は、無資格者が六級海技士（航海）を取得するまでの期間を考慮して、航海当直者への海技士資格の義務化までに1年間の猶予期間を設けた。しかし、内航船員の有効求人倍率は、2005（平成17）年には前年の約3倍（有効求人倍率0.6倍）となり、翌2006（平成18）年には、有効求人倍率が0.85倍となったため、急速に内航船員の不足傾向へと転じた。

　2007（平成19）年4月、国土交通省は、日本内航海運組合総連合会の唱導を受け、船舶職員及び小型船舶操縦者法施行規則（以下、職員法施行規則という）を改正し、独立行政法人 海技教育機構 海技大学校（以下、海技大学校という）が実施する座学1.5か月と独立行政法人 航海訓練所（以下、航海訓練所という、現海技教育機構"JMETS"）の練習船を使用した乗船実習2か月を組み合わせた3.5か月の六級海技士（航海）短期養成課程（以下、独法型六級航海養成という）を認定した[15]。

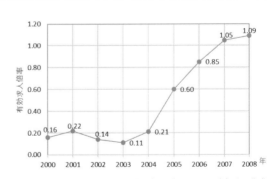

出典：国土交通省『船員職業安定年報』（2000〜2008年）より作成

図4.6　内航船員の有効求人倍率の推移

15　畑本郁彦・廣野康平・渕真輝・古荘雅生：「民間六級航海養成講習における社船実習の課題」，『日本航海学会講演予稿集』，第3巻，第1号，pp.27-30，2015年

ふたたび試みよ！ Try, Try, Try again!

　格言は、なるほどと納得してはみるものの、100％をそのとおりと受け止められないのは、自己修養が足りないからであろうか？

> もし最初成功しなかったら試みよ ふたたび試みよ
> (If at first you don't succeed, try, try, try again.)
>
> （ヒクトン 1803〜1870 イギリスの説教者より）

　一度でうまくいかないならば、何度でも挑戦しよう。何かを成し遂げようとしたとき、最初の一回目でなにもかも成功することは稀である。一度失敗したからといって、すぐに諦めてはいけない。一度目が失敗だったならば、何度でも挑戦すればよい。最初に成功しなかったらもう一度試み、挑戦しよう。再挑戦は、あなたの勇気を掻き立て、そこでさらにトライアゲイン！　簡単なことに挑戦しているのではないのだから、1、2回は失敗するのが当たり前である。最後に成功して笑いたいのであれば諦めずに何度でもやり直そう。

　ただし、何度でもやり直しができることであればそれはよい。しかし、失敗するとひとの命が失われることは、絶対に避けなければならない。航海船橋当直中、操船の避航判断に迷うことは多い。"頭より先にふねを進めるな"とは、熟慮断行のススメであり、危機に対する先見性の必要を示したものである。行き当たりばったりのやり方は、そのうち破綻をもたらす。このような場合の失敗は人命や財貨の損失に繋がるので、"トライ アゲイン！"などと悠長に構えている場合ではない。

　"PDCA (Plan・Do・Check・Act)"とは、生産技術における品質管理の継続的な改善手法である。まず始めは Plan、即ち『計画』から始まることの大切さを示すものである。次は Do『実行』、そして Check『評価』、最後に Action『改善』という4段階の循環（サイクル）型手法である。

　つまり、"Try, Try, Try again!"とは、目的や目標（ゴール）に向かって挑戦し続けること、改善し続けること、諦めないことの大切さを意図している格言であり、まさに、

　『言うは易く行うは難し』である。

（古荘雅生）

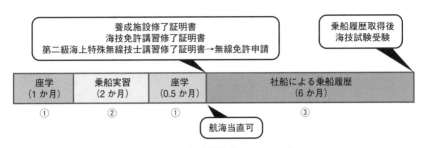

図4.7　独法型六級航海養成のイメージ

　独法型六級航海養成の修了から六級海技士（航海）を取得するまでの要件（図4.7 参照）は、以下のとおりであり、①から③を満たした後に六級海技士（航海）の受験資格が得られる。

① 海技大学校における 1.5 か月（1 か月 + 0.5 か月）の座学

② 航海訓練所での 2 か月の乗船実習

③ 6 か月間の乗船履歴（船舶の運航または実習）を付けること。

　また、①と②を修了した際に 700 トン未満の船舶において航海当直が可能な資格（丙種甲板部航海当直部員）が得られる。ただし、受講の対象者は、内航海運業者に雇用あるいは内定している者に限られていた。その後も、内航船員の多い、中国・四国地方を中心として、船員の求人倍率が上昇した。

写真4.4　航海訓練所の実習船「大成丸」

表4.8　2008（平成20）年の船員の有効求人倍率

	1月	2月	3月	4月	5月	6月	7月	8月	9月	10月	11月	12月
尾道	2.72	2.27	1.97	3.04	3.62	4.21	3.58	4.95	3.95	4.14	3.74	4.45
呉	2.05	2.65	3.83	3.13	3.06	4.00	2.75	3.00	2.69	2.12	2.54	3.25
岡山	3.29	3.38	2.83	3.19	2.62	2.57	2.73	3.92	3.75	2.92	2.67	2.80
山口	1.67	1.81	2.45	1.82	2.57	3.25	2.62	2.57	2.08	2.55	2.14	2.18
徳島	2.43	2.26	2.83	3.10	2.36	2.36	2.73	2.43	2.27	2.53	1.96	1.82
今治	8.17	7.56	9.05	8.48	5.75	6.65	5.22	4.37	5.38	4.73	4.50	3.70

出典：国土交通省 『平成20年 船員職業安定年報』

　このため、今後の船員確保・育成に関して危機感を抱く内航海運業者が現れるようになり、中国地方海運組合連合会の若手船主を中心として、内航海運業界の実態に即した船員確保・育成を目指した勉強会が組織された[16]。当該勉強会は、特にOJTの必要性を重要視し、日本の外航海運の大手三社（日本郵船株式会社、株式会社商船三井、川崎汽船株式会社）の国内研修施設を見学し、船員の社内教育実習に関するヒアリングを行うなど、内航海運においても民間で研修施設を設置するにはどのようにすればよいかを研究した。当該勉強会は、意欲的に検討を続け、民間の練習船の建造についても検討を行ったが、費用の面から断念せざるを得なかった。

　一方、国の諮問機関である交通政策審議会海事分科会ヒューマンインフラ部会による2007（平成19）年6月の中間とりまとめにおいては、「海の魅力のPRという観点から、幅広い海事関係者が連携し、海事産業全体における人材の確保・育成に関する基本戦略を確立して、中央・地方の各層において海事広報活動に戦略的に取り組む必要がある。」とされ、海事振興を担う「海事都市」の認定が行われるようになった。これに対し、広島県尾道市は、造船・舶用工業を中心とした集積地であり、さらに近接に船員養成機関を擁するなど、特色ある海事地域であることから、海事関係の人材確保・育成や、地元の重要な産業である海事産業の持続的発展、海事思想の啓発などに総合的に取り組むため、海事都市尾道推進協議会を設立した。

写真提供：川崎汽船

写真4.5　川崎汽船研修所の操船シュミレーター体験

16　中国地方海運組合連合会・日本船舶管理者協会：『日本人船員確保・育成に関する学術期間との共同調査研究会研究結果報告書』,2012年5月

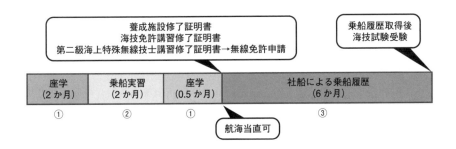

図4.8　民間型六級航海養成のイメージ

　2008（平成 20）年 10 月、海事都市尾道推進協議会は、民間の船員養成施設を利用した新たな六級海技士（航海）養成スキームについて検討を始めた。当該検討においては、前述した若手船主の勉強会のメンバー及び筆者の一人も参画した。その検討の結果、2009（平成 21）年 2 月、海事都市尾道推進協議会は、民間船員養成施設並びに民間社船を練習船とした六級海技士（航海）の養成課程設立に関する要望を国土交通省に提出した。この提出を受けた国土交通省は、2009（平成 21）年 7 月、再び職員法施行規則を改正し、民間の船舶職員養成施設が実施する座学 2.5 か月と民間商船を使用した社船実習 2 か月を組み合わせた 4.5 か月の新たな六級海技士（航海）短期養成課程（以下、民間型六級航海養成という）を認定した（図 4.8）。

　この民間型六級航海養成は、社船を提供する事業者と受講者（以下、社船実習中の受講者を実習生という）との間に雇用関係がなくてもよい。ただし、受講者が免許を取得するためには、民間型六級航海養成の課程を修了後に 6 か月の乗船履歴を必要とする（独法型六級航海養成と同様）。民間型六級航海養成は内航船を練習船として登録し使用する初めての試みであった。2009（平成 21）年 9 月、民間型六級航海養成が制度化されたことから、前述の若手船主勉強会メンバーを中心として内航海運業者が集まり、乗船実習のための社船を提供する組織として海洋共育船団（UMI）が設立された。その後、2009（平成 21）年 9 月 30 日、第 1 回の民間型六級航海養成が開始された。

　2011（平成 23）年 8 月、海洋共育船団の加盟事業者が中心となり、さらに民間での船員養成を拡大するため、『船員確保育成に関する学術期間との共同調査研究会』が立ち上がった。この研究会の事務局は、中国地方海運組合連合会と

船管協であった（筆者の一人も委員として参加）。2012（平成24）年5月、当該研究会は、『日本人船員確保・育成に関する学術期間との共同調査研究会研究結果報告書』を発表した。その研究結果報告書には、「共育センター」（仮称）設立の必要性について、「安定的かつ効果的な船員確保・育成の仕組みは、現実的には民間完結型であり、その上、共同体方式が最も望ましい。それは現在の内航船員不足問題の特徴が、前述したように、需給両面で従来の状況とは異なる環境によって規定されているからである。すなわち、従来の状況を前提として作られてきた既存の教育の仕組みだけでは、現在、必要とされている内航船員を十全に供給することは難しくなっている。また民間完結型であるからこそ、船員育成の仕組みが顧客ニーズにタイムリーかつ迅速に対応できるものとなるとともに、その効果を不断にフィードバックすることが可能となっている。また共同体方式であることによって個別に対応する無駄を省くことができ、また多様な荷主やオペレーターのニーズに対応できる多能工型の船員育成が可能となる。この仕組みを構築・実行・維持する主体として「共育センター」（仮称）を設立することが適切であると考える所以である。」とした。

その後、2013（平成25）年、海洋共育船団と中国・四国・九州の内航海運業者が中心となり、内航船員を共同で育てるための一般社団法人 海洋共育センター（以下、海洋共育センターという）が設立された。海洋共育センターは、「船員不足問題の解消に内航海運業界全体で取り組み、船員確保と船員の資質向上を通じて、安定的な内航輸送サービスの提供と日本の産業維持・活性化に貢献すること」を目的としている。

2014（平成26）年2月、海洋共育センターは、最初の成果として『平成25年度 民間完結型六級海技士（機関）短期養成課程新設に係る調査研究事業』という報告書を作成し、国土交通省に提出した。これを受けた国土交

図4.9 海洋共育センターホームページ（https://kaiyokyoiku.jp/）

通省は、同年 10 月、職員法施行規則を改正し、民間の船舶職員養成施設が実施する座学 2.5 か月と民間商船を使用した社船実習 2 か月を組み合わせた 4.5 か月の六級海技士（機関）短期養成課程（以下、民間完結型六級機関養成という）を認定した。海洋共育センターが特に力を入れて活動を行っているのが、民間型六級航海養成と民間型六級機関養成（以下、2 つを合わせて民間型六級養成という）である。海洋共育センターの会員の多くは、民間型六級養成のための練習船を提供している。これは、船員育成を目的とした、内航海運業者の共同といえる。

column

民間型六級航海養成と私

　私が『「尾道地区海技者養成スキームの構築」に関する検討報告書』（2009（平成 21）年 1 月）を取りまとめたのは、日本船舶管理者協会の事務局を担当していた時のことであった。日本船舶管理者協会が海事都市尾道推進協議会のメンバーであった中国運輸局からの依頼を受け、私が担当者として業務を行った。それまで、航海訓練所（現在の海技教育機構）で行われていた六級海技士（航海）短期養成における乗船実習を、総トン数 200 トン以上の貨物船で行うという「民間型六級航海養成」を実現するために必要な資料の作成であった。

　正直、私は、民間の貨物船を練習船として、乗船実習を行うことに反対であった。その理由としては、安全最少定員で運航されている小型内航船で、実習生を受け入れる時間的な余裕がなく、実習生の受け入れにより船員の労務負担が増大するからであった。しかし、業務の担当者であり、また、若手内航海運業者の「自分達の船で船員を育てたい」という強い意気込みを受け、必要な調査及び取りまとめを行った。

　2010（平成 22）年 3 月、私は、民間型六級航海養成の第一期生の修了式に立ち会った。修了式の最後に修了生全員（9 人）が、今回の民間型六級航海養成についての感想を述べ、修了生の 1 人がこういった。「この制度を作ってくれた方に感謝します」。

　その彼は、私の事など知らぬまま船乗りになったが、その一言により、私はこう思った。「この仕事をして良かった」、そして「彼らのような人達のために、何かがしたい」と。具体的に、何を行えばよいか分からなかったが、「できるだけ多くの海事人材を世に送り出す」という漠然とした目標を掲げた。

　あれから 11 年。一昨年から私は、日本内航海運組合総連合会で船員対策委員会の事務局業務を行っている。

（畑本郁彦）

4.4.2　船員育成に関する取り組みの成果

　表 4.9 は、内航船員の主な新規採用元別の採用者数の推移である。新卒者の採用が最も多い出身校は、海技教育機構の海上技術学校等であり、次に文部科学省所轄の海洋系高校（水産系高校を含む）である。この 2 種類の学校で全体の約 7 割（2018 年）を占めている。上位 2 種と商船系高専は、内航船員の有効求人倍率が約 1 倍となった 2012（平成 24）年から増加しており、海洋系高校は 2014（平成 26）年にさらに増加している。このことは、水産系高校卒業者に対して、2013（平成 25）年に六級海技士の資格要件を緩和したことが影響したものと考えられる。一方で、数では及ばないが、民間型六級養成からの修了者の就職が 2015（平成 27）年に急激に増加しており、2011（平成 23）年と比較して約 5 倍に増えている。これは、2013（平成 25）年に海洋共育センターが設立されたことによって練習船が増え、六級海技士（機関）短期養成が始まった効果であると考えられる。

　海上技術学校等は、定員数に限界があり、既に 9 割を超える卒業生が船員へと就職していることを踏まえると、今後、養成定員を増やさない限り、内航海運への新人船員を増やすことができない。一方で、船員確保に向けた海洋共育センターの活動は、他業種からの転職者や船員養成施設以外の学校からの新卒者を確保することができる。民間型六級養成に参入している民間の船員養成施設が少なく（2019 年末時点で 2 校）、練習船を確保すれば、船員養成施設として新規参入が可能であることを考慮すると、内航海運業界がこの活動を支援することは、船員問題の解決に向けて有効な手段と考えられる。

表4.9　内航貨物船員及び内航旅客船員の新規就職者数の推移

	2008 年	2009 年	2010 年	2011 年	2012 年	2013 年	2014 年	2015 年	2016 年	2017 年	2018 年
海上技術学校等	254	246	286	314	328	321	324	305	324	349	323
海洋系高校	150	157	124	159	189	206	298	292	339	357	334
商船系高専	37	46	39	33	72	73	60	80	97	94	96
民間型六級	0	0	14	15	17	22	36	71	71	103	99
水産大学校	6	14	17	26	29	25	29	22	23	31	38
独法型六級	48	39	16	12	20	24	15	14	9	0	0
商船系大学	5	4	11	6	12	12	15	11	9	11	13
東海大学	6	8	7	10	11	11	11	18	11	8	9

（表中の数は人数）

出典：国土交通省海事局提供資料

2005
年度
- ・船員法、告示改正
- ・航海当直者の内1名は、六級海技士（航海）以上を保有しなければならなくなった（但し、猶予期間を1年設けた）

2006
年度
- ・甲板部員として一定の履歴(5年)を有する者に講習を受けるだけで六級海技士(航海)資格を与える短期養成を新たに認める（従来は10年間の乗船履歴が必要）
- ・しかし、乗船履歴を有しない者も存在し、船員不足が加速

2007
年度
- ・日本内航海運組合総連合が乗船履歴を有しない者に短期間で六級海技士（航海）が取得できる講習を要望
- ・海技大学校での座学（1.5か月）と航海訓練所の練習船での実習（2か月）を組み合わせた短期養成がスタート

2009
年度
- ・海事都市尾道協議会にて、民間の船員養成施設を利用した新たな六級海技士（航海）短期養成の提唱
- ・国交相が省令改正を行い、尾道海技学院での座学（2.5か月）と海洋教育船団の社船実習（2か月）を組み合わせた新たな六級海技士（航海）の短期養成がスタート

2011
年度
- ・船員不足の傾向がさらに高まり、海洋教育団のみでは実習船が足りなくなる
- ・実習船団拡充を含め内航海運の船員育成を行う機関の設立を検討（事務局：中海連・日本船舶管理者協会）

2013
年度
- ・一般社団法人 海洋共育センター設立

2014
年度
- ・尾道海技学校にて六級海技士（機関）短期養成が開始される

2016
年度
- ・海技大学校と航海訓練所の練習船を組み合わせた六級海技士（航海）短期養成の休止を決定（定員に達しないため）
- ・九州海技学院が六級海技士（航海）及び六級海技士（機関）の短期養成施設として登録

実　績
- ・尾道海技大学校（尾道海技学院）実績（H21〜30年度）
  　航海科修了生：278名　機関科修了生：150名　計428名
- ・九州海技学院実績（H29〜30年度）
  　航海科修了生：48名　機関科修了生：11名　　計59名

※ 現在、海洋共育センターにおいて民間型六級養成の実習船の調整等を行っている。

出典：一般社団法人海洋教育センター提供資料より作成

図4.10　民間型六級養成の歴史

4.5 船舶管理会社活用政策

4.5.1 次世代内航海運ビジョンと船舶管理会社

2001（平成13）年7月、国土交通省 海事局長は、私的諮問機関として「新しい内航海運のあり方、及びこれを踏まえた海運、船舶、船員の海事分野全般にわたる新しい内航海運行政のあり方」を検討する目的のために「次世代内航海運懇談会」を設置した。この頃の内航海運業界は、物流効率化の進展等などに伴い、内航船1隻当たりの乗り組み人員が削減され、10年間で34%の船員が減少し、将来的な船員不足が懸念されていた。加えて、船員一人当たりの労務負担が増加したことによって、船員の労働環境は、厳しいものとなっていた。このため、優良な内航船員を安定的に確保する観点からは、教育・育成及び雇用対策とともに労働環境の適切な改善に取り組んでいくことが必要とされていた。

2002（平成14）年4月、次世代内航海運懇談会は、6回の会議と専門部会として4回の次世代内航海運懇談会暫定措置事業部会の検討結果として21世紀型の内航海運のあり方を示した『次世代内航海運ビジョン』を発表した。次世代内航海運ビジョンは、内航海運行政の取り組むべき課題として「船舶管理会社形態の導入」を掲げ、「近年設立の動きが見られる船舶管理会社については、その経営形態によっては、アウトソーシングの活用による輸送コストの低減、船員の雇用・教育体制の向上等に寄与するとともに、とりわけオーナー事業を行う事業者の今後の事業展開の多様化・円滑化を推進する観点から有効な手段である」とし、「船員職業安定法等船員関係制度における船舶管理会社の位置付け（船員の雇用責任の明確化を含む）の整理」を行うことが必要であるとした。

一方で、次世代内航海運ビジョンは、「良質な輸送サービス」を確保する上で、将来的な船員不足に対応しなければならず、「海上労働力移動の円滑化」が必要であるとした。具体的には、既に「船員職業紹介等研究会」において検討が行われていた「船員職業紹介事業及び船員労務供給事業への民間参入」について、一定の要件を満たし許可を得た者に認めるという方向でできる限り早期に結論を得ることが必要であるとした。なお、船員労務供給事業とは、自らが雇用する船員を、供給契約に基づき他人の指揮命令を受けて船員として労務に従事させることを業とすることをいう。船員労務供給事業は、事業者による「強制労

働や中間搾取」により船員が不利益を被る可能性があること、「労働保護法規上の使用者責任の所在が不明確」となり船員の労働保護に欠ける恐れがあるとして、労働組合を除き、民間において行うことを禁止していた。

これを踏まえ、2002（平成 24）年 7 月、船員職業紹介等研究会は、『船員労務供給事業及び船員職業紹介事業に係る規制改革のあり方に関する報告』（以下、船員職業紹介等研究会報告という）を発表した。この船員職業紹介等研究会報告は、「船舶管理契約による管理船への配乗」を整理し、船舶管理契約により船舶管理業務を行う者に対し、「労務供給事業には該当しない」とした。

これを受け、海事局長は、海事局内の意見を整理し、2005（平成 17）年 2 月15 日付け海事局長通達『違法な船員派遣事業又は船員労務供給事業に該当しない船員配乗行為を行うことができる船舶管理会社の要件について』（以下、船舶管理会社の要件に関する通達という）を発表した。船舶管理会社の要件に関する通達は、船舶所有者と船舶管理会社が船舶管理契約を結ぶ際に、「船員配乗・雇用管理」、「船舶保守管理」、「運航実施管理」の 3 つの項目を一括して受託する場合（以下、フル管理という）を労務供給事業に当たらない船舶管理契約形態であるとしている。船舶管理会社の要件に関する通達は、この要件を満たしていることを判断するため、船舶所有者と船舶管理会社との間で締結されている船舶管理契約に、「船舶の運航実施管理、船舶の保守管理、船員の配乗・雇用管理に関し一括して責任を負うこと」が示されていることを確認するとしている。

4.5.2 船舶管理会社等による団体の設立

2005（平成 17）年 4 月、内航ビジョンを基にした「海上運送事業の活性化のための船員法等の一部を改正する法律」（以下、活性化三法）が施行され、内航海運業法、船員職業安定法、船員法が改正された。活性化三法により、船橋当直を行う者は、すべて海技士資格（航海）を有さなければならなくなった（なお、法律の施行までは 1 年の猶予期間があった）。これによって、内航船に乗り組む船員（以下、内航船員という）の不足が急激に進み、法律改正前から懸念されていた船員不足が現実味を帯びてきた。

2005（平成 17）年 12 月、このことを重く受け止めた船舶管理会社及び関係会社は、船舶管理会社の業界整備と地位の向上を目指すための団体として船管協の設立準備委員会を開催した。船管協は、船舶管理業務のあり方を議論し、

内航海運における幅広い船舶管理業務のフレームワークを構築し、船舶管理会社の地位の確立と向上を目的としていた。設立準備委員会は、発起人のほか、オブザーバーとして国土交通省海事局船員政策課、国土交通省海事局国内貨物課（現在の内航課）、独立行政法人 鉄道建設・運輸施設整備支援機構等の内航海運関係者が参加した[17]。

2006（平成18）年4月、船管協は任意団体として活動を開始し、筆者の一人は船管協の初代事務局長として船管協の活動のサポートを行った[18]。

4.5.3 船舶管理会社を活用した内航海運業者のグループ化の促進

活性化三法によって、船員派遣事業が許可制で認められるようになったが、船舶管理会社は活性化三法のいずれの法律にも定義されることはなかった。

2005（平成17）年12月、内航船舶の代替建造促進に関する懇談会（以下、代替建造促進懇談会）は、『内航船舶の代替建造を促進するための方策について』を発表した。この発表で代替建造促進懇談会は、鉄鋼、石油、セメント等を輸送する内航海運業者の契約関係が、重層的な下請け構造となっており、経営基盤の脆弱な中小零細の内航海運業者が大多数を占めていることを指摘し、中小零細の内航海運業者のグループ化や協業化等を推進することにより、規模の拡大、信用力の向上等を図り、経営に係る基礎体力を抜本的に改善し、経営基盤を強化していくことが必要であるとした。また、代替建造促進懇談会は、2006（平成18）年3月、『内航船舶の代替建造推進アクションプラン』を発表し、代替建造を進めていく上で、内航海運業者の「グループ化、協業化等を活用して、経営基盤の強化を図りつつ、船員確保、船舶管理、さらには船舶の建造等をグループで行う」という内航海運のビジネスモデルを検討し、促進するための支援方策を講じる必要があるとした。これを受け、国土交通省は2006（平成18）年5月に、内航海運ビジネスモデル検討会を設置した。

内航海運ビジネスモデル検討会は、2006年5月から12月にかけて検討会を開催し、2006年12月、その検討結果として『これからの内航海運のビジネスモデルについて』を発表した。この結果の中で、内航海運ビジネスモデル検討

---

17 筆者（畑本）は、その委員会に参加し、その場で船管協設立のための事務局業務を受託することとなった。

18 日本船舶管理者協会：「協会の歴史」，『特定非営利活動法人 日本船舶管理者協会10年間の振り返りと今後の活動について』，pp.4-14，2017年

会は、国土交通省が「船舶管理会社を活用した事業者の緩やかなグループ化を
支援し、内航海運の活性化に向けて取り組んでいくことが必要である」とした。
その後、国土交通省は、2007（平成 19）年 8 月、全国 4 か所で「これからの内
航海運事業者のビジネスモデル（グループ化)」と題し、船舶管理会社を活用し
た内航海運業者のグループ化についての説明会を実施した。説明会は、国土交
通省職員に船管協の役員が同行し、船管協内で実施されたグループ化の実例に
ついて説明した。国土交通省が示した船舶管理会社の事業形態は、以下に示す(1)
〜 (4) の 4 つの事業形態であった [19]。

(1) 従来のマンニング事業者を利用した場合

この事業形態（図 4.11）は、船主が船員を確保できない場合に、マンニング
事業者を利用し、用船契約を利用して船員配乗を行う事業形態である。この事
業形態の場合、マンニング事業者は、内航海運業法における内航海運業者（貸
渡業者）であり、裸用船契約上は、貸渡業者として一切の責任を負わなければ
ならないが、別途契約を交わすことで、船員雇用・配乗管理以外は、船主が実
権を握っている場合がある。

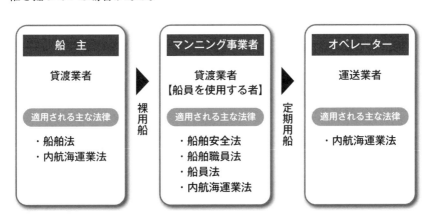

※船員労務供給事業に該当しないことに注意する必要がある

出典：国土交通省説明会資料より作成

図4.11　従来のマンニング事業者を利用した場合

---

19 国土交通省：『船舶管理会社を活用した場合の事業形態』，オンライン，http://
wwwtb.mlit.go.jp/kobe/jigyogaiyo.pdf，2017年5月24日参照

　なお、図 4.11 において、船員労務供給とは、労務供給契約に基づいて人を船員として他人の指揮命令を受けて労務に従事させることであり、船員派遣に該当するものを含まないものをいい、これを業として行うことを船員労務供給事業という。船員労務供給事業は、原則禁止されており（船員職業安定法 第 50 条）、許可された事業者や団体のみが行うことができる。この事業形態で、仮に、船主が船員に対し指揮命令を行った場合は、マンニング事業者が船主の指揮命令権を受けて自ら雇用する船員を他人の指揮命令を受けて労務に従事させたと判断され、船員職業安定法違反（船員職業安定法 第 112 条 第 5 号）となり、1 年以下の懲役または百万円以下の罰金に処される恐れがある。

(2) 船舶管理会社（マンニング型）を利用した場合

　この事業形態（図 4.12）は、船主が船員を確保できない場合に、一旦貸渡業者に船舶を貸渡し、船員を配乗してもらい、定期用船契約にて船員ごと借り受ける形をとる契約形態である。この契約形態の場合、船舶管理会社は貸渡業者でなければならない。

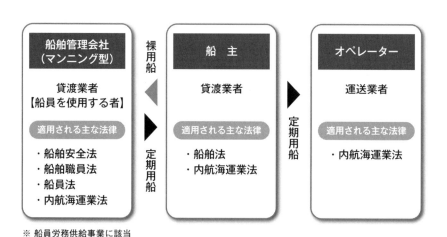

出典：国土交通省説明会資料より作成

図4.12　船舶管理会社（マンニング型）を利用した場合

　図4.11の事業形態と図4.12の形態の違いは、オペレーターに対する責任関係である。図4.11の場合は、マンニング事業者が自ら船舶を使用するものとみなされ、事故等が発生した場合、オペレーターに対する責任を有する。船主は、マンニング事業者に対して船舶を引き渡す際に堪航性を保持する義務を有するが、船舶の事故に対する責任はない。これに対し図4.12の場合は、船主が、最終的な使用上の責任を負っているため、事故等が起こった場合、オペレーターに対する責任を有する。なお、図4.12の契約の場合、船主は船舶の使用上の責任を船舶管理会社に追求できる。図4.12の契約形態は、2005（平成17）年の内航海運業法改正以降に認められた新しい契約形態である。

(3) 船舶管理会社（船員派遣型）を利用した場合

　この事業形態（図4.13）は、船主が船員の一部または全員を手配できない場合に、船員派遣事業者から船主が船員派遣を受ける形態である。この場合、船舶管理会社は、船員派遣の許可を受けた事業者でなければならない。この契約形態は、船員職業安定法に基づき、原則1年までの期限付きの契約形態であり、条件を満たせば最長3年まで契約期間を延ばすことができる。

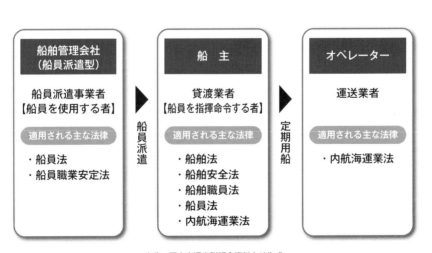

出典：国土交通省説明会資料より作成

図4.13　船舶管理会社（船員派遣型）を利用した場合

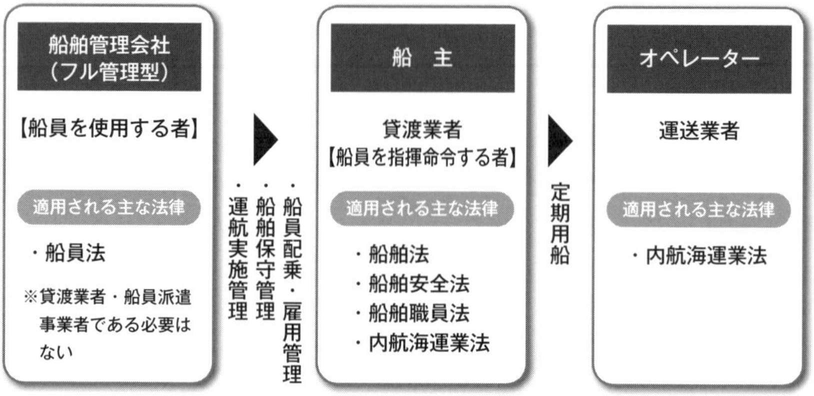

出典：国土交通省説明会資料より作成

図4.14　船舶管理会社（フル管理型）を利用した場合

(4) 船舶管理会社（フル管理型）を利用した場合

　この事業形態（図4.14）は、船舶管理契約を使用して船主が船舶管理（フル管理）を船舶管理会社に委託する形態である。この形態の場合、船舶管理会社は、船員の雇用主として船員法及び関連法規に基づく義務を負うことになるが、貸渡業者や船員派遣事業者である必要はない。

　2008（平成20）年3月、国土交通省は、船舶管理会社を活用した内航海運業者のグループ化を普及・促進するため、グループ化の実例を説明した『内航海運グループ化のしおり』と、具体的なグループ化の方法などを示した『内航海運グループ化について＊マニュアル＊』[20]（以下、グループ化マニュアルという）を発行した。グループ化マニュアルにおいて内航海運業者の船舶管理会社を利用したグループ化は、それぞれの内航海運業者が抱えている課題に対応し、経営を継続していくために、共同で出資して船舶管理会社の設立等を行い、管理業務の全部または一部を委託することにしている。また、グループ化の目的は、

　① 海技者の集中による専門的サポート力の向上

20　国土交通省：「船舶管理会社を活用したグループ化」，『内航海運グループ化について＊マニュアル＊』，pp.2-11，2008年

② 業務の効率化によるコスト削減

③ 船員の確保・育成・安全教育の実施

④ 船舶の安全管理の質の向上と必要な管理コストの明確化

などの実現による経営基盤の強化ある。

しかし、その後、船舶管理会社を活用したグループ化に進展はなく、船舶管理会社そのものも少数にとどまる状況であった。

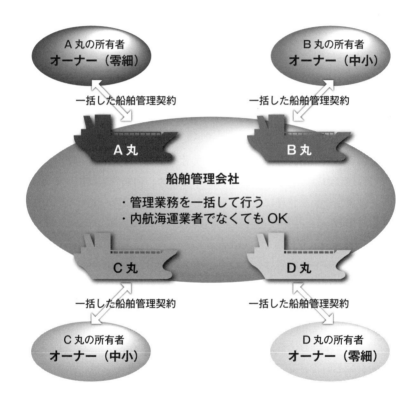

出典:『内航海運グループ化について＊マニュアル＊』

図4.15　国土交通省が推奨する船舶管理会社を利用したグループ化のイメージ

4.5.4 進まない船舶管理会社の活用とグループ化に対する取り組み

　2010（平成22）年3月、財団法人日本海事センター（以下、海事センターという）は、『内航船舶管理の効率化及び安全性の向上に関する調査研究報告書』を発表した。内航海運業者のグループ化に対して、最初から受け入れておらず情報をシャットアウトしている可能性さえ疑われるようなアンケート結果であったとし、そのような内航海運業者については、多少のメリットがあったとしてもグループ化を行わないものと考えられるとしている。

　2011（平成23）年3月、内航海運代替建造対策検討会は、『内航海運における代替建造促進に向けた施策の方向性』を発表し、内航海運業者のグループ化が進まない理由は、「オーナーの一国一城の主の意識が強い、グループ化の具体的なメリットが分かりにくい等」であるとした。内航海運代替建造対策検討会は、グループ化、協業化の取り組みを具体的に進めるため、

　① 船舶管理会社の活用によるメリットとして共有建造制度の活用や税制・納付金による政策的誘導等の対応策を検討する

　② 内航海運における船舶管理者を養成するため、船舶管理に関するガイドラインの策定や船舶管理に従事する者を評価する仕組みづくり（資格制度等）を検討する

という2つの具体的取り組みを示した。

　これを受け、国土交通省は、2011（平成23）年12月から「内航海運船舶管理ガイドライン作成検討委員会」を開催し、2012（平成24）年7月、船舶管理会社を利用する者が、船舶管理会社を選びやすくするように、船舶管理会社が行うべき船舶管理業務の具体的な内容を示し、船舶管理業務の定義や基準を示した『内航海運における船舶管理業務に関するガイドライン』（以下、管理ガイドラインという）を発表した。この管理ガイドラインは、船舶管理会社が、ISMコードに適合したSMS及び海上運送法に基づく安全管理規程など安全マネジメント体制を整え、陸上・船上の組織、それぞれの業務、責任、権限及び相互関係を明らかにすると同時に、業務・作業手順を示すことを求めている。管理ガイドラインが対象とする船舶管理業務は、「船員配乗・雇用管理」（船員を雇用し管理する船舶に配乗等する業務）及び「船舶保守管理」（管理する船舶の堪航性を維持する業務）並びに「船舶運航実施管理」（配乗する船員を通じて管理する船舶の運航実施を管理する業務）の3つを含み、これらを一括して

実施する業務（以下、フル管理という）である。管理ガイドラインは、船主からフル管理を受託する船舶管理会社を想定している。

2013（平成25）年4月、国土交通省は、船舶管理会社が管理ガイドラインへ適合しているかを判断するための手法として『内航海運船舶管理ガイドライン適合性評価システム』（以下、管理ガイドライン評価という）を発表し、評価のためのチェックリストの提供を始め、その評価結果を国土交通省のホームページに掲載できることとした[21]。管理ガイドライン評価導入の目的は、船舶管理会社の管理サービスの「見える化」を図り、船主が船舶管理会社を利用する際の検討を容易にし、船舶管理会社を活用した内航海運の活性化を促進することである。管理ガイドライン評価は、管理ガイドラインに記載されている要求事項を項目ごとに分別した「内航船舶管理ガイドライン適合性評価チェックリスト」（以下、評価チェックリストという）を使用して行われる。評価チェックリストは、

①「船舶管理業務を実施する体制の整備」

②「船舶配乗・雇用管理業務の実施」

③「船舶保守管理業務の実施」

④「船舶運航実施管理業務の実施」

という4つがある。管理ガイドライン評価は、第一者評価（船舶管理会社自身による評価）及び第二者評価（船舶管理会社へ委託する者による自己評価）または第三者評価（船舶管理会社とは関連のない機関による評価）のいずれかにより行われる。評価を受けた船舶管理会社が、「船舶管理会社情報申告シート」と評価チェックリストを国土交通省に提出すると、国土交通省の審査が行われた後、原則原文のまま海事局のホームページに掲載される。しかし、管理ガイドライン評価を利用し、評価結果を海事局に提出した内航船舶管理会社は存在しなかった。

---

21 国土交通省：「内航海運業における船舶管理サービスの「見える化」を始めます」，国土交通省オンライン，http://www.mlit.go.jp/report/press/kaiji03_hh_000042.html，2019年5月1日参照

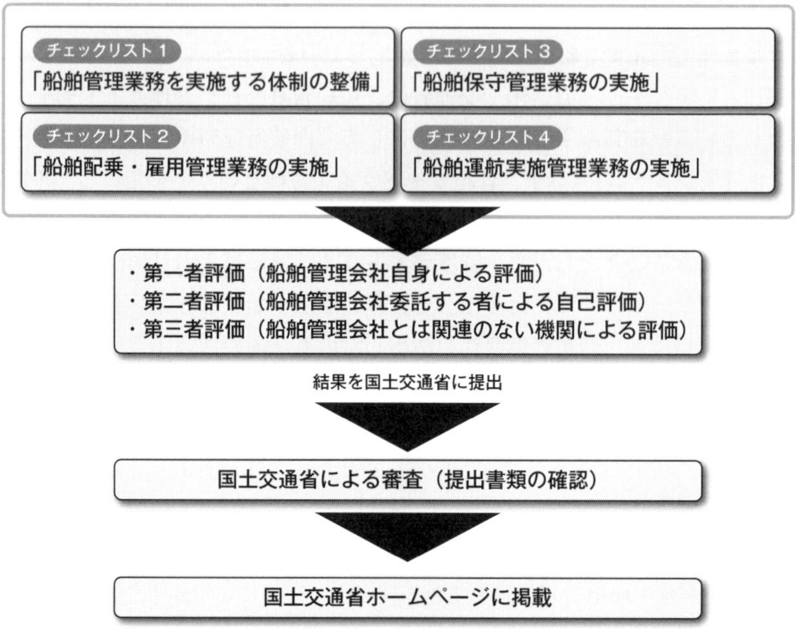

チェックリスト1
「船舶管理業務を実施する体制の整備」

チェックリスト3
「船舶保守管理業務の実施」

チェックリスト2
「船舶配乗・雇用管理業務の実施」

チェックリスト4
「船舶運航実施管理業務の実施」

・第一者評価（船舶管理会社自身による評価）
・第二者評価（船舶管理会社委託する者による自己評価）
・第三者評価（船舶管理会社とは関連のない機関による評価）

結果を国土交通省に提出

国土交通省による審査（提出書類の確認）

国土交通省ホームページに掲載

図4.16　管理ガイドライン評価のイメージ

第 5 章

内航未来創造プラン

　次世代内航海運ビジョンに基づく改正内航海運業法の施行（2005（平成 17）年）から 10 年余が経過し、内航海運業を取り巻く社会経済状況は変化した。一方で、内航海運業界は、船舶の老朽化と船員の高年齢化という 2 つの高齢化問題を抱えており、内航海運業者が事業を継続する上でさまざまな構造的課題への対応も必要となった。

　このため、国土交通省は、2015（平成 27）年 4 月に学識経験者、内航海運業者、荷主団体等からなる「内航海運の活性化に向けた今後の方向性検討会」（以下、内航海運方向性検討会という）を設置し、内航海運が基幹的輸送インフラとして今後も機能するために講じるべき施策等を議論した。

　2016（平成 28）年 6 月、内航海運方向性検討会は、検討の成果を『内航未来創造プラン〜たくましく　日本を支え　進化する〜』（以下、内航未来創造プランという）として発表した。本章では内航未来創造プランの概要とその具体的な施策の内、既に方向性が決まっているものをいくつか紹介する。

5.1　内航未来創造プランの概要

　内航未来創造プランには、内航海運業界が目指すべき将来像として「安定的輸送の確保」と「生産性向上」を軸に位置づけ、その実現に向けて、「国土交通大臣登録船舶管理事業者」（仮称）登録制度の創設（2018 年度創設）、自動運航船等の先進船舶の開発・普及（2025（令和 7）年度を目途に実用化）、船員教育体制改革・船員配乗のあり方の検討（（独）海技教育機構の養成定員を 500 名に段階的に拡大等）をはじめとした具体的施策や各施策の実現に係るスケジュールを明示した。

　内航未来創造プランは、目指すべき将来像として掲げた「安定的輸送の確保」と「生産性向上」の実現に向けて、「内航海運事業者の事業基盤の強化」、「先進的な船舶等の開発・普及」、「船員の安定的・効果的な確保・育成」、「その他の課題への対応」に分けた具体的施策を示した。

5.1.1 内航海運業者の事業基盤の強化

　内航未来創造プランは、「内航海運業者の事業基盤の強化」のための具体的施策として、「実質的な集約化・グループ化による効率化等のための船舶管理会社の活用促進」、「安定的・効率的な輸送の実現のための荷主企業・内航海運業者等間の連携による取組強化」、「モーダルシフト推進による新たな輸送需要の掘り起こし」、「内航海運を支える基礎的インフラである港湾インフラの改善・港湾における物流ネットワーク機能の強化」に取り組むことが必要であるとした。

　以下に各施策を要約したものを示す。

（1）船舶管理会社の活用促進（「国土交通大臣登録船舶管理事業者」（仮称）登録制度の創設）

　国土交通大臣による登録制度（一定期間毎の更新制）を創設し、一定水準の船舶管理サービスを提供する者について、同制度の登録を受けることにより『国土交通大臣登録船舶管理事業者」（仮称）として事業を実施できることとし、船舶管理事業者に一定の法的位置づけを与えることとする。

写真5.1　東京湾に停泊する内航船。内航海運業者の事業基盤の強化のためには、モータルシフトの一層の推進、港湾インフラの整備が必要。

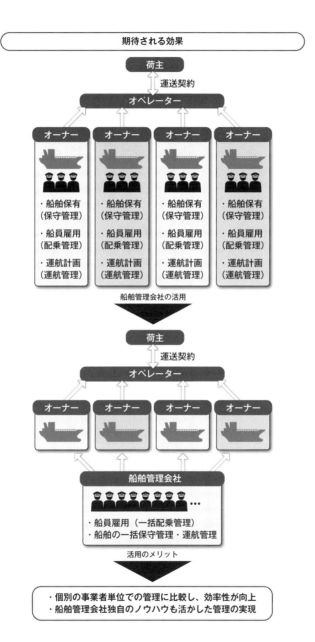

出典：国土交通省 海事局「内航未来創造プラン(2017年6月策定)の概要)」

図5.1　船舶管理会社の活用に期待される効果

（2）荷主企業・内航海運業者等間の連携による取組強化（「安定・効率輸送協議会」（仮称）の設置）

　船員や船舶の高齢化という構造的課題は、中長期的視野に立って、関係者が問題意識を共有し取り組んでいく体制として、2017（平成29）年度中に産業基礎物資の品目（鉄鋼、石油製品、石油化学製品等）ごとに、荷主企業、内航海運業者（オペレーター及びオーナー）、行政等から成る「安定・効率輸送協議会」（仮称）を設置し、定期的に開催することにより、船員の確保・育成、老朽船の代替、労働環境の改善、荷役作業の軽減等に係る意見交換・課題の共有などを開始する。

　同協議会においては、内航海運に関わる関係者の適切な負担のあり方にも留意した上で、船員の確保・育成、老朽船の代替、労働環境の改善、荷役作業の軽減、安全運航の確保、燃料高騰の際の対応等に係る意見交換、課題の共有などを図る。また、関係者の連携による輸送の効率化に係る好事例の表彰制度として、2018（平成30）年度より「内航効率化大賞」（仮称）を創設する。

（3）新たな輸送需要の掘り起こし（「海運モーダルシフト推進協議会」（仮称）の設置、モーダルシフト船の運航情報等一括検索システムの構築）

　海運へのモーダルシフトの更なる推進を図る目的で、2017（平成29）年度中に、RORO船・コンテナ船・フェリー事業者のほか、利用運送事業者、荷主企業、行政等から成る体制（「海運モーダルシフト推進協議会」（仮称）の設置）を設置し、連携の強化、具体的な取組の推進などを実施する。

　また、上記の協議会においてモーダルシフト船の運航情報等一括検索システム（RORO船・コンテナ船・フェリーに係る航路・ダイヤ・運賃・空き状況等の情報を集約し、利用運送事業者や荷主企業等が利用できる情報検索システム）の設計の詳細を検討し、2017（平成29）年度よりシステムを構築の上、実証実験を開始し、2019（平成31）年度以降に同システムの運用開始を目指す。

　さらに、2018（平成30）年度より、海運モーダルシフトに特に貢献する取組や先進的な取組を行った荷主企業・物流事業者などへの新たな表彰制度（「海運モーダルシフト大賞」（仮称））を創設し、モーダルシフトに係る優良事例を全国に共有・展開する。

（4）港湾インフラの改善・港湾における物流ネットワーク機能の強化等

　船舶の大型化などを通じて輸送効率を向上する目的で、岸壁整備・改良の促進や老朽化施設の適切な維持更新、航路・泊地水深の確保、防波堤の整備促進による静穏度確保等を行う。また、RORO 船などの大型化や無人航送化に対応した十分な岸壁水深・延長、荷さばき地を有する高規格なターミナルを全国展開し、貨物量の季節波動などに対応し、航路の柔軟な変更を可能とする内航輸送網を形成する。さらに、小口貨物の集約や複数の荷主企業の共同輸送化により、モーダルシフトを促進するための荷さばき地などの確保を図る。

5.1.2　先進的な船舶等の開発・普及

　内航未来創造プランは、「先進的な船舶等の開発・普及」に向けた具体的施策として、「省力化の実現のための IoT 技術を活用した船舶の開発・普及、政策的意義の大きい船舶の建造への誘導と高齢化した船舶の代替建造促進を同時に実現する独立行政法人 鉄道建設・運輸施設整備支援機構（以下、「鉄道・運輸機構」という）による船舶共有建造制度による円滑な代替建造の支援」、「環境問題への対応・効率性向上のための船舶の省エネ化・省 CO_2 化の促進」、「持続的・安定的に良質な船舶を供給するための造船業の生産性向上」に取り組むことが必要であるとした。以下に各施策を要約したものを示す。

（1）IoT技術を活用した船舶の開発・普及（内航分野のi-Shippingの具体化）

　先進的な要素技術を確立し、自動運航船（Auto-Shipping）の実現に向けて、以下の取組を中心に進めていく。

① 周辺小型船舶の位置、速力等の情報を収集して自動制御で周囲の船舶との衝突を回避する操船システムを開発し、また、陸上から船舶への危険情報の提供機能の高度化を図る。

② IoT を活用し、主機のみならず、補機を含めた大量の情報（船舶ビッグデータ）をリアルタイムで収集し、収集した情報を分析し、船舶全般に係る状態を監視・診断するシステムの開発を行い、当該システムに連動したメンテナンスの合理化を図る。

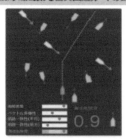

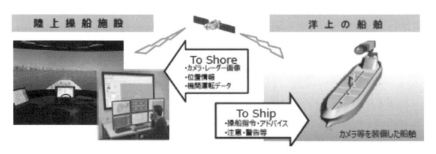

出典：国土交通省 海事局「自動運航船に関する現状等」

図5.2　先進的な技術開発　イメージ

③ 高精度測位情報（準天頂衛星（みちびき）等）を活用した高精度の本船位
置情報、周辺情報等の把握により、安全かつ迅速な自動離着桟システムの
開発や、係船・荷役に係る船上作業の自動化のためのシステム（陸上支援
を容易にする設備標準化等を含む）開発に取り組む。

④ 人工衛星のような大規模技術のみならず、船舶の位置等の情報を取得する
ための技術として、スマートフォン（衝突予防アプリ）といった身近で普
及が容易な技術の開発、活用等を積極的に図る。

⑤ また、さらなる技術の進歩のためにも、実際の海や船舶を知る技術者とし
ての船員の重要性は今後とも失われるものではないとの認識の下、自動運
航に係る新技術による省力化の効果が認められる場合には、船員の配乗や
定員等の見直しが可能となるか検討する。

また、「海上運送法及び船員法の一部を改正する法律」（平成29年法律第
21号）による改正後の「海上運送法」（昭和24年法律第187号）に基づき、
船舶・舶用機器のIoT化やビッグデータ解析等を活用した先進的な技術の研
究開発等を促進するとともに、上記の取組の結果を踏まえた基準の整備等の
環境整備を行い、2025（令和7）年を目途として自動運航船（Auto-Shipping）
の実用化を図る[1]。

（2）円滑な代替建造の支援

以下の施策により、内航海運業者の事業基盤の強化、船員の安定的・効果
的な確保・育成、先進的な船舶等の開発・普及に寄与する。

① 2018（平成30）年度より、前述した「国土交通大臣登録船舶管理事業者」（仮
称）登録制度の運用開始にあわせて、登録された船舶管理事業者の管理す
る船舶に対する金利低減措置等の優遇措置の導入を検討する。

② 船員の安定的・効果的な確保のため、船員の労働環境を改善する設備を有
する「労働環境改善船」（仮称）に対する金利低減措置等の優遇措置の導
入を検討する。

③ 内航船「省エネ格付け」制度により格付けを受けた船舶や、IoTを活用し

---

1 「未来投資戦略2017-Society5.0の実現に向けた改革―」（2017年6月9日閣議決定）に
おいても、2025年度までの自動運航船（Auto-Shipping）の実用化や、これに向けた国
際基準、国内基準の整備が盛り込まれている。

た先進船舶について、導入までの諸課題を見極めつつ、その普及に向けた政策誘導のための金利低減措置等の優遇措置を設ける。

（3）船舶の省エネ化・省CO₂化の推進（内航船「省エネ格付け」制度の創設・普及、代替燃料の普及促進に向けた取組）

2015（平成27）年12月に気候変動枠組条約締約国会議（UNFCCC：United Nations Framework Convention on Climate Change）において「パリ協定」が採択され、国内においても2016（平成28）年5月に「地球温暖化対策計画」が閣議決定された。同計画においては、内航海運における CO_2 排出削減目標として「2030年度に2013年度比で157万 t-CO_2 削減」（2013（平成25）年度比15%の削減）することが掲げられている。

このため、内航海運分野における CO_2 排出量を2030（令和12）年度までに157万 t-CO_2 削減することに寄与するため、以下の取組を行う。

① 内航船「省エネ格付け」制度の創設・普及

2017（平成29）年度より、内航海運業者等からの申請に基づき、国土交通省が省エネルギー対策の導入による船舶の燃料消費削減率を評価し、その結果を格付として表す内航船「省エネ格付け」制度を暫定的に導入し、2年間の検証期間を経た後、2019（平成31）年度から本格運用を開始する。加えて、荷主企業を含めた取組や本格的運用段階における普及促進策（税制優遇や鉄道・運輸機構による船舶共有建造制度の優遇措置等）を検討する。その一環として、2017（平成29）年度に経済産業省と連携して8件の実証実験を実施し、省エネ効果を検証する。

② 代替燃料の普及促進に向けた取組

天然ガス（LNG）燃料船等の先進船舶の研究開発、製造、導入、普及を促進するため、2017（平成29）年4月に成立した「海上運送法及び船員法の一部を改正する法律」により、海上運送法に先進船舶等導入計画の認定制度が創設された。当該枠組みを活用し、LNG燃料船の普及に向けた取組を進める。水素社会実現に向けた取組として、燃料電池船の安全ガイドライン策定を実施する。

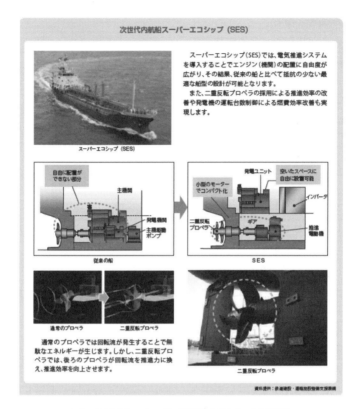

出典：日本海事センター「海の環境革命 船の省エネ技術開発」

図5.3　スーパーエコシップ　イメージ

（4）造船業の生産性向上

　内航海運を含めた海運業に船舶を供給する日本の造船業は、その多くが国内（特に地方圏）に生産拠点を維持し、中核的産業として地域の経済・雇用を支えている。また、部品の国内調達率も高く、多数の中小企業からなる周辺産業を有する裾野の広い産業である。

　造船業、海運業等の、海事産業の国際競争力を強化と造船業の生産性向上は、海上輸送に依存する日本の経済成長を支え、地方創生に寄与するだけでなく、内航海運に従事する船舶を含めた良質な船舶の安定的・継続的な供給

に資することとなる。

このため、以下の施策を実施する。

① 新船型開発・設計能力の強化

　　産学官の専門家からなる「i-Shipping（design）推進のための CFD 高度化検討委員会」での検討を踏まえ、新たな船型の開発強化・スピードアップに資する数値シミュレーション（CFD：Computational Fluid Dynamics）の開発を進めるとともに、その検証に必要となる実船流場等計測（船体周りの海水の流れ（流場）を実船で計測すること）を 2017（平成 29）・2018（平成 30）年度に実施し、精度・信頼性の向上を図る。また、エネルギー効率設計指標（EEDI[2]：Energy Efficiency Design Index）認証における CFD（Computational Fluid Dynamics：数値流体力学）活用手法に係る基準の策定への取り入れについても検討を進める。

② 船舶の革新的な生産技術に関する研究開発への支援

　　2016（平成 28）年度に船舶の革新的な生産技術に関する研究開発への支援を開始し、中小造船事業者を含め生産性向上が大きく見込まれる革新的な研究開発に対して重点的に支援するなど、造船・海運における生産性向上に向けた技術開発・実用化への支援制度を効果的に推進する。

③ 中小造船事業者の生産性向上設備投資の促進

　　内航海運に従事する船舶を主に建造している中小造船事業者について、2017（平成 29）年 4 月に拡充された中小企業経営強化法に基づく、生産性向上のための設備投資に対して固定資産税の軽減措置、公益財団法人日本財団による長期・低利融資等について、地方運輸局を通じてきめ細やかに支援制度の周知や助言を行い、制度の活用の促進を図る。

④ 中小造船事業者を支える造船人材の確保・育成

　　2017（平成 29）年度以降、造船学科を有する工業高校の教員、関係自治体・機関等からなる検討会を設置して、造船教員養成カリキュラムを作成するとともに、2019（平成 31）年度以降の持続的な運営体制の構築に向けた検討を推進する。

---

2 EEDIとは、規定されたある一定の条件下において、1トンの貨物を1海里運ぶ際に排出されるCO₂のグラム数で示される。

出典：国土交通省 海事局「革新的造船技術研究開発支援事業の概要」
図5.4　造船の技術開発　イメージ

2017（平成29）年度以降、地方運輸局が主体となり、地域の産業界や教育機関、関係自治体からなる協議会などを設置して、造船学科の創設や教育体制の強化に向けた取組を推進する。

5.1.3　船員の安定的・効果的な確保・育成

内航未来創造プランは、「船員の安定的・効果的な確保・育成」に向けた具体的施策として、「高等海技教育の実現に向けた船員教育体制の抜本的改革」、「499総トン以下の船舶における船員の確保・育成策等の船員のための魅力ある職場づくり等による船員への就業・定着の推進」、「船員配乗のあり方の検討等の働き方改革による生産性向上」に取り組むことが必要であるとした。

以下に各施策の要約を示す。

（1）高等海技教育の実現に向けた船員教育体制の抜本的改革

現在、海技教育機構は、内航海運業界のニーズや最近の技術革新等に適応した優秀な船員の養成、内航海運に従事する船員の高齢化の進展による船員不足への対応のため、船員教育における質の向上と内航船員養成数の拡大を実現することが求められている。

一方、海技教育機構は、2001（平成13）年の独立行政法人化以降、その予算（運営費交付金）が約3割削減され、今後も厳しい運営状況が見込まれる中、この状態を放置したまま個々の対応策を講じるのみでは、求められる船員教育や海事振興のニーズに応えられないおそれがある。このような状況の

中、内航海運業界、船員教育機関、国などの関係者連携のもと、ニーズ及び
課題を正確に認識し、高質な海技教育の実現に向けた船員教育体制の抜本的
改革として具体的な取組を推進していく必要がある。

　このため、今後の海技教育機構のあり方について幅広い関係者による検討
を行う。検討に当たり、関係機関の連携のもと、質が高く、事業者ニーズに
マッチした船員の養成に取り組むとともに、四級海技士養成定員の拡大、学
生募集の強化を目指すため、以下の取組を進める。

① 専門教育の重点化

　　海上技術短期大学校（専修科）への重点化を図るとともに、四級海技士養
　　成課程を甲機両用教育から甲・機専科教育へ移行を検討する。

② リソースの効率的・効果的活用

　　学校・練習船の教員の配置などの見直しや、乗船実習の履歴代替として工
　　作技能訓練（工場実習等）を導入する。

③ 船員養成に関するステークホルダー間の連携強化

　　教育の高度化や養成定員拡大に向け、社船実習船の要件緩和による実施船
　　舶の拡大などに取り組む。

（2）船員のための魅力ある職場づくり

① 499 総トンの船舶における船員の確保・育成策（船員配乗のあり方の検討、
　　安全基準の緩和）

　　　499 総トン（正確には、総トン数 500 トン未満のことである）の貨物船は、
　　運航に必要な乗組員数に近い船員室しか無く、余分な船員室を設置してい
　　ないものが多いため、新人船員を乗り組ませて育成する場合などは、新た
　　に船員室を増やす必要がある。

　　　しかし、これら船員室を増やすなどの居住区改善に伴い、船舶が総トン
　　数 500 トン以上となった場合、船員配乗や安全基準等の規制レベルが厳し
　　くなることから、内航海運業者が、船員育成のための船員室増に踏み切れ
　　ない状況にある。

　　　このため、これらの貨物船において、船員の確保・育成のために居住区
　　域を拡大（船員室増）した場合に、船舶や乗組員の安全が確保されること
　　を前提として、以下の取組を進める。

1) 2017（平成 29）年中に「後継者確保に向けた内航船の乗り組みのあり方等に関する検討会」（仮称）を設置し、船舶職員の配乗基準について、居住区域を拡大（船員室増）したことにより総トン数 500 トン以上となった船舶に対して、居住区域を拡大した場合における安全性の確認を行い、今年度内を目途に増トン数に対する除外措置について検討する。

2) 居住区域以外の船舶設備（消火装置等）に係る安全要件（以下「機関室等安全要件」という）は、増トン前と比べ、居住区域拡大の影響を受けない区域（機関室等）の危険性を増すものではないと考えられる。このため、居住区域を拡大（船員室増）したことにより総トン数 500 トン以上となった船舶に対しては、船員室 2 部屋の増設が可能となる 10 トン増までであれば総トン数 500 トン未満の機関室等安全要件が適用されるよう、船員の確保・育成に係る居室の増設に伴うトン数増であることの確認手法を整理した上で、措置する。この取組については、先行して、船員の確保・育成に係る居住区拡大であることの確認手法を整理の上で 2017（平成 29）年夏を目途に措置する。

② 労働環境の優れた職場の PR

　日本海事センターが 2014（平成 26）年 7 月にとりまとめた「海に関する国民意識調査」では、「家族や友人など身近な人が船員になりたいといった場合に、反対する」という意見のうち、一番多かった理由は「危険なイメージがある／事故が心配」で、これに「長期間帰れない／家族と会えない」、「事故が心配」、「大変／ハード」と続く結果であった。

　これには、船員の安定的確保・育成の観点から、安全・安心で労働負担が少ないといった海上労働の魅力ある職場作りを通じて、上記のイメージを払拭する必要がある。

　そのため、海事産業が労働環境の向上に取り組んでいることを PR し、海上労働の魅力向上や理解の促進を図るべく、以下の取組を行う。

1) 船内の労働災害の防止のほか、安全運航、健康管理、陸上からの船内労働への支援、女性の就労支援等の労働環境の改善に関する取組を対象とする表彰制度、船員安全・労働環境取組大賞「船員トリプルエス大賞」(SSS : Award for Special effort on Safe and Smart working environment for seafarers (現 在 は、Award for Safety and Smart Environment for

Seafarers)) を創設し、船員労働災害防止優良事業者とともに広く周知する。また、さまざまな取組が受賞できるよう、大賞のほかに、特別賞（複数可）を設ける。

2) 船員トリプルエス大賞の受賞者や、船員労働災害防止優良事業者（一定期間内の法令への無違反や災害・疾病の発生状況が基準内である船舶所有者について国が認定）については、2018（平成30）年12月までに受賞や認定の事実を求人票に掲載し、船員の採用活動にも活用できるようにする。

3) 内航海運業者の優れた安全取組事例をベストプラクティス集としてとりまとめ、国土交通省 HP で掲載する。

4) 求職者が求める情報、内航海運業者の安全や労働環境に対する優れた取組等を求人票に掲載できるようにし、事業者による労働環境向上の取組をPRする。求人票について、アンケートにより求職者が求める情報をとりまとめ、2018（平成30）年3月卒の就職活動の解禁に向けて、2017（平成29）年5月から試行的な運用を開始する。2017（平成29）年度の取組を踏まえ、2018（平成30）年度以降の更なる見直しを図る。

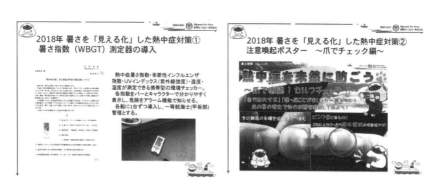

出典：国土交通省 海事局

「令和元年度 船員安全・労働環境取組大賞・特別賞 受賞者一覧 大賞取組の参考資料」

図5.5　船員トリプルエス大賞

（3） 船内供食の確保

　少人数乗り組みの内航船は、乗組員が船内作業の合間に自ら交替で食事を準備するといった状況があり、このような負担が離職の一因となっているものと考えられる。また、全国健康保険協会船員保険部による調査結果では、船員は、肥満や糖尿病が発症する危険がある境界型糖尿病の割合が陸上労働者に比較して高い。

　よって、船舶料理士資格受有者や船内で調理を行うことのできる者を早期かつ幅広く確保・育成することで、船員の負担を軽減し、離職の防止を図るとともに、栄養バランスが確保された魅力ある食事の提供を行い、健康で安全な船員労働の実現と船員職業の魅力の向上を図る必要がある。

　このため、船舶料理士資格受有者や船内で調理を行う者の確保・育成を行うため、以下の取組を行う。

1) 船舶料理士資格の効率的な取得（近海区域以遠を航行する船舶）

　近海区域以遠を航行する船舶のうち、1,000総トン以上のものについては、船舶料理士の資格を有する者の乗船が義務付けられており、船舶料理士の資格取得のためには、国家試験である船舶料理士試験に合格の上、一定期間乗船した実務経験が必要となっている。この現行の要件について、資格に必要な技能を維持しつつ、早期に資格取得が可能な方法を検討するため、2017（平成29）年度中に関係者による検討会を開催し、必要な船内調理業務経験や教育内容のあり方について議論を進める。

2) 船内で調理を行うことができる者への教育及び人材確保（沿海区域以遠を航行する船舶）

　沿海区域以遠を航行する船舶等については、船内で調理を行う者が船内における調理に関する基礎的な知識を有していることが必要である。このため、海技教育機構等における調理実習を受講した者や、船員災害防止協会作成の船内食事に関するテキストを用いた社内教育の修了者等に加え、船内で専従的に調理に従事できる人材を確保・育成できるよう、2017（平成29）年度から、次の取組を行う。

・調理師学校への海上就職案内の強化やジョブカフェの全国展開
・海技教育機構清水校における司厨科施設の積極的活用
・調理師資格を取得できる水産高校調理課程卒業者に対する海技教育機構練習船における船内調理実習の実施等

船舶料理士資格の現状

○船舶料理士資格について（船員法第80条及び「船内における食料の支給を行う者に関する省令」）

配乗要件

・遠洋区域若しくは近海区域を航行区域とする船舶又は第3種の従業制限を有する漁船であって、総トン数1,000トン以上のもののうち、その航海中に船員に支給される食料の調理が船内において行われるもの

資格取得要件

1. 18歳以上であること
2. 下記のいずれかに該当する者
   (1) 1年以上の船内調理業務経験　＋　登録国家試験（学科7科目及び実技3項目）の合格
   (2) （独）海員学校の司ちゅう・事務科の卒業者　＋　3月以上の船内調理業務経験
   (3) 調理師、栄養士等　　　　　　　　　　　＋　3月以上の船内調理業務経験

※(2) 及び (3) の者については、
　・船長の監督の下に行う船内における労働に関する事項
　　及び
　・船舶料理士資格証明書を有する者の監督の下に行う船内における調理に関する事項
　について、1月以上の教育を受けることにより資格取得が可能

出典：国土交通省 海事局「第1回 船舶料理士資格の効率的な取得に関する検討会 資料」を更新

図5.6　船舶料理士の資格取得要件

【船舶所有者のレシピ提供の取組事例：浪速タンカー（株）】

船員の健康管理及び調理担当者の負担軽減のため、陸上スタッフが栄養バランスに配慮したレシピを考案し、司厨員に伝える「なにわ食堂」という取組を実施している。

（実際のレシピ）

【画像は浪速タンカー（株）より提供】

（陸上スタッフから司厨員にレシピを伝えている様子）

15

出典：国土交通省 海事局「第3回 船舶料理士資格の効率的な取得に関する検討会 資料」

図5.7　船内の調理等業務の負担軽減の事例

（4） 船員派遣制度を活用した船員の確保・育成

　近年、半数以上の内航海運業者は、派遣船員等の活用により必要な船員確保を図っている。しかし、船員派遣事業の許可基準のうち、財産要件は、船舶建造による負債の増加により船員派遣事業への参入の支障となっているとの指摘がある。

　このため、船員派遣制度の活用を促進する目的で、船員派遣事業の許可基準の見直しについて議論し、可能なものは 2017（平成 29）年夏を目途に検討結果をとりまとめる。

（5） 女性の活躍促進

　内航海運業界の女性船員の比率は僅か 2％にとどまっており、女性船員の就労が進んでいない。一方、船員教育機関に入学する女子学生は毎年一定程度存在していることから、出口となる就労環境を整備することは必須と考えられ、さらに、既に海技資格を取得した女性のうち約 8 割が資格を失効している状況から、このような女性が再び活躍できるような環境を整備する必要がある。

　このため、2017（平成 29）年度より、女性船員活躍に向けた検討会を設置し、2018（平成 30）年度より検討結果を踏まえた施策を実施する。また、船員トリプルエス大賞や求人票等を通じ、女性が働きやすい労働環境を提供する事業者を、優良事業者として PR する。

出典：国土交通省 海事局「海事産業における女性活躍推進の取組事例集 Vol.3」

図5.8　女性の活躍促進の事例

（6）　退職海上自衛官の船員就業の促進

　内航海運業界は、海技資格四級、五級の海技資格受有者が不足している実態があり、海上経験を有する退職海上自衛官は、内航海運業界にとって有望な人材である。このため、2017（平成 29）年度中に海上自衛隊（防衛省）や内航海運業者に対してニーズの確認などを行い、海技資格取得の取組の拡充（海上自衛隊における登録船舶職員養成施設の拡大等）に向けた調整を図る。

（7）　働き方改革による生産性向上

① 船員配乗のあり方の検討

　2017（平成 29）年中に「後継者確保に向けた内航船の乗り組みのあり方等に関する検討会」（仮称）を設置し、船舶職員に求められる知識等や労働環境の変化について、関係者間での意見交換や船内業務の実態調査等を行い、2017（平成 29）年度内を目途に実態調査に対する評価等を考慮し、航行の安全の確保や若年船員の確保・育成の強化を十分考慮の上、実態に即した規制（船員配乗）への見直しを含めた検討を行う。また、当該船員配乗について、航行の安全性を実証実験により検証し、その検証結果に応じて、実態に即した規制（船員配乗）への見直しを行う。

②労働時間の適正な管理の実現、荷役・運航作業の負担軽減の実現による船員の働き方改革

　船員の労働時間・労働負荷を軽減し、質の高い休日（休息）を確保することにより、若年・女性をはじめとする船員が定着できる労働環境を実現できるよう、以下の取組を行う。

1）荷役作業を含む作業分野別の船員の労働時間や作業内容、技術革新や陸上からの支援による船員の負担軽減の取組事例に関する実態調査を行う。船員の労働実態調査について、2017（平成 29）年度内に調査及び整理分析を行う。

2）船員の労働時間を適正に管理できるよう、作業に従事する船員に負担をかけることなく、自動的かつ正確に、船種及び職種別の船員の労働時間、休息時間、休日の区分を記録し、それらの関係法令への適合状況について確認できる標準的なソフトウェアを構築すべく検討する。船員の労働時間を適正に管理するためのソフトウェアについて、2017（平成29）年

度内に、モデル仕様設定や導入上の支援措置について検討のうえ、2018
（平成30）年度にソフトの評価や実証実験等を行うことを目指す。

3) 船員の荷役作業の負担軽減を実現するため、荷主企業、内航海運業者等
の間の連携による取組である「安定・効率輸送協議会」（仮称）におい
て、1）の調査結果を共有するとともに、荷役作業軽減等に係る意見交換、
課題の共有を行い、船員の付帯作業の運用ルールを明確化することなど
により、船員の労働時間の削減や労働負荷の軽減を目指す。荷役作業の
負担軽減の実現について、2017（平成29）年度に設置される「安定・効
率輸送協議会」（仮称）において議論を開始し、2018（平成30）年度に
一定の結論を得ることを目指す。

4) 技術革新に伴う自動化・省力化や陸側からの労働支援に関する取組につ
いては、既に事業者が導入中または導入を予定する事項から、優先的に
負担軽減の効果について評価の上、2017（平成29）年度内に一定の結論
を得ることを目指す。さらに、将来的な技術革新の進展状況や政府全体
の働き方改革の方向性を踏まえ、配乗や定員等の見直しが可能となるか、
引き続き検討する。

5) 若年・女性船員の確保・育成に向けて、2）〜4）に掲げる取組を先行し
て導入する事業者の支援を、既存の支援措置を踏まえ検討する。

5.1.4　その他の課題への対応

（1）内航海運暫定措置事業の現状と今後の見通し等を踏まえた対応

暫定措置事業は、これまで、船腹調整事業解消に伴う引当資格の無価値化
に係る経済的混乱の抑止のほか、船腹需給の引き締め効果、保有船舶の解撤
や代替建造を促し、内航海運の構造改革を促進する効果、環境性能の高い船
舶の建造、船舶管理会社の活用等の取組を進めるインセンティブ効果を発揮
するなど、一定の役割を果たしてきた。

暫定措置事業の終了により、船舶の建造コスト負担が軽減することに伴う
船舶投資の容易化、一定の船腹需給の引き締め効果が失われることによる急
激な景気変動等に伴う船腹余剰状態の発生、環境性能の高い船舶の建造、船
舶管理会社の活用等の取組を進めるインセンティブ機能の低下等の影響が発
生し得ることが想定される。

このため、暫定措置事業が想定よりも早期に終了することも念頭に、暫定措置事業が果たしてきた役割に対してどのような対応が考えられるか、またその場合における内航海運組合の役割を含むあり方をどう考えるかについて検討を行う。

検討に当たっては、まずは業界において、同事業終了により発生し得る具体的な影響や事業者の意見などを把握しつつ、早期に議論を開始し、その後、内航海運業界における議論の結果も踏まえて、国において、暫定措置事業の終了後の課題や国の対応等について検討する。

（2）船舶の燃料油に含まれる硫黄分の濃度規制への対応

2008（平成20）年の海洋汚染防止条約改正により、2020（令和2）年1月からの船舶の燃料油に含まれる硫黄分は、3.5%以下から0.5%以下に規制を強化することが決定している。

本規制への対応方策は、「低硫黄燃料油の使用」、「排気ガス洗浄装置（スクラバー）の使用」、「LNG燃料等の使用」のいずれかによる必要があるが、内航海運業界からは、低硫黄燃料油の品質、供給量、価格等の見込みや、スクラバーの搭載コストや工期などについての懸念・疑問点が表明されているところである。

上記の状況を踏まえ、国土交通省は、海運業界との「燃料油環境規制対応方策検討会議」及び石油業界も含めたオールジャパンの「燃料油環境規制対応連絡調整会議」を立ち上げた。引き続き、官民の関係者が連携の上、海運業界の懸念や要望事項、石油業界の現状などについて情報を共有するとともに、低硫黄燃料油の供給量確保、必要な品質の確保、低廉化に向けた具体的な対応策を検討し、規制への円滑な対応ができるよう適切に取り組む。

また、今後上記の会議の中で、2020（令和2）年以降の燃料油の需給見通しの分析を進めると同時に、各種低硫黄燃料油の供給に必要な設備投資等の評価、スクラバー設置の技術的制約・コスト評価、低硫黄燃料油の品質のあり方などの調査を進め、全体コスト最小化の手段の検討を行う。さらに、これらの検討結果を踏まえ、国土交通省、経済産業省、石油業界、海運業界等が連携しつつ規制の円滑な実施に向けた必要な対応方策などを推進していく。

（1）スクラバーの概要

○スクラバーは、排ガスを洗浄し、排ガス中の硫黄酸化物や粒子状物質を除去する装置。洗浄水によって硫黄酸化物を除去するシステム（湿式スクラバー）が一般的（以下、湿式スクラバーのみを対象とし、単に「スクラバー」という。）。
○スクラバーは、洗浄方式により3種類のシステムが存在している。
　④オープンループ（海水を汲み上げて排ガスを洗浄し、洗浄後の海水は船外に排出）
　⑨クローズドループ（船内の循環水を使用して排ガスを洗浄し、洗浄した循環水は中和して再利用）
　⑨ハイブリッドシステム（オープンループとクローズドループを切り替えられるもの）

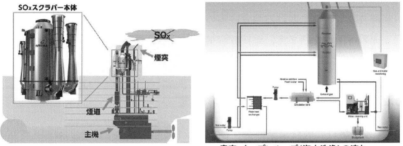

スクラバーシステムの概要

青字：オープンループ（海水洗浄）の流れ
赤字：クローズドループ（船内循環水洗浄）の流れ

ALFA LAVAL社、WARTSILA社のホームページの図を基に作成

出典：国土交通省 海事局「第1回燃料油環境規制対応方策検討会議 資料」より転載

図5.9　スクラバーの概要

（3）海事思想の普及

　少子高齢化が進展する中で、安定的かつ効率的な内航海上輸送を持続的に確保するためには、船員はもとより、船舶の安全管理や経営管理等に関わる優秀な人材を確保する必要がある。内航海運業への理解と職業観を醸成するための内航海運業に係る効果的な教育が実践されるためには、教室における授業のみならず、現場における船舶や船員の業務等の実務現場の見学が極めて重要である。このため、以下の取組を行う。

①「海の恩恵に感謝し、海洋国日本の繁栄を願う」という趣旨の海の日を中心として、全国各地でさまざまな活動が展開されているが、これらの活動の有機的な連携の強化や個々の活動の情報発信力の強化、活動内容の向上を図る。

② 内航海運業者をはじめとして、岸壁の管理者、船員など関係者の協力のもと、学校教育の現場で使用する教材に加え、船舶や専門的な知識や技術を有す

る業務の理解や体験をする見学会を含めた教育のプログラムを作成する。

③ 海の日を中心として全国各地で国、地方自治体、内航海運業者、海事関係団体等が行っているさまざまな活動に対して、地方運輸局も含めた有機的な連携の強化を推進する。

④ 学校教育における海洋教育を推進するための教育プログラム（指導計画・教材等）の作成、実施体制の環境整備に向けた取組を推進する。

⑤ 海技教育機構における教育内容の見直しの結果生じる海事思想の普及の拡充の可能性を踏まえ、海技教育機構が海事思想の普及に向けてどのような活動を行っていくかについての検討を行う。

5.2 内航未来創造プランの進捗状況

国土交通省は、内航未来創造プランで示した具体的施策の進捗状況[3]を2019（令和元）年6月28日に開催された、交通政策審議会 海事分科会 第9回 基本政策部会の資料において整理している。以下に、その内容を掲載する。

表5.1　内航海運業者の事業基盤の強化

内航未来創造プランの内容	2019年6月時点までの具体的施策の進捗状況
○ 船舶管理会社の活用促進 ▶「国土交通大臣登録船舶管理事業者」登録制度の創設（2018〜）	○登録船舶管理事業者制度の運用開始（2018年4月） ・・・23事業者を登録（2019年5月末時点） ⇒ 2019年1月・3月に登録船舶管理事業者評価検討会を2回開催、登録船舶管理事業者による自己及び第三者の評価実施に係る、評価事項や運用方法等の具体的内容について検討を実施。
○ 荷主・海運事業者等間の連携による取組強化 ▶「安定・効率輸送協議会」の設置（2017〜）	○「安定・効率輸送協議会」及び品目ごとの部会を開催（2018年2月） ・・・荷主・内航海運業界間での構造的課題の共有 ⇒ 2019年5月に3部会合同会合を開催。引き続き、船員の確保・育成、老朽船の代替、荷役作業軽減等への対応等について検討予定。
○ 新たな輸送需要の掘り起こし ▶「海運モーダルシフト推進協議会」の設置（2017〜）	○「海運モーダルシフト推進協議会」の開催（2017年11月、2018年5月） ・・・今後の海運モーダルシフトの推進に向けた課題、モーダルシフト船の運航情報等一括情報検索システム、海運モーダルシフト大賞（仮称）制度案について検討 ⇒ 2019年3月に第3回協議会を開催し上記システムの内容及び海運モーダルシフト大賞の方向性を整理した。

---

3 国土交通省 海事局：『内航海運を取り巻く現状及びこれまでの取組み』，オンライン，https://www.mlit.go.jp/common/001296360.pdf，pp.50-53，2019年6月28日

▶ モーダルシフト船の運航情報等の一括検索システムの構築（2017 ～）	○ モーダルシフト船の運航情報等一括情報検索システム構築 WG の開催（2017 年 12 月～）・・・システムの内容・運用方針等について検討 ⇒ 2019 年 3 月に第 4 回 WG を開催し、新たな輸送需要の掘り起こしに資するよう検索システム内容の検討・取りまとめを行い、結果を上記推進協議会にて報告した。
○ 港湾インフラの改善・港湾における物流ネットワーク機能の強化等	○ 2016 年 4 月以降、交通政策審議会 港湾分科会において、港湾の中長期政策『PORT 2030』の最終とりまとめ（案）を提示し、内容を検討 ⇒ 2018 年 7 月に最終とりまとめを公表 次世代高規格ユニットロードターミナルの具体化に向け、2019 年 2 月～3 月に関係船社の要望についてヒアリングを実施。今後の具体的な内容について引き続き検討を実施。

出典：国土交通省作成資料より

表5.2　先進的な船舶等の開発・普及

内航未来創造プランの内容	2019 年 6 月時点までの具体的施策の進捗状況
○ IoT 技術を活用した船舶の開発・普及 〜内航分野の i-Shipping の具体化〜 ▶ 自動運航船の実用化 (2025 年目途)	○ IoT 活用船に関する先進船舶導入等計画を 8 件認定 (2019 年 5 月末時点) ⇒ 引き続き、計画の認定及び自動運航船の実用化に向けた技術開発を実施。 ○ 自動運航船の実用化に向けたロードマップの策定 (2018 年 6 月) ○ 自動運航船の実証事業を開始 (2018 年 7 月) ⇒ 自動運航船の実証運航の安全確保に向けて、2019 年度内に安全設計ガイドラインを策定予定。
○ 円滑な代替建造の支援 ▶ (独) 鉄道建設・運輸施設整備支援機構の船舶共有建造制度による優遇措置の拡充（2018 ～）	○ スクラバーを設置した既存共有船及び LNG 燃料船に対して金利軽減措置を導入 (2019 年 4 月) ⇒ 2020 年度に向け、引き続き制度内容を検討。
○ 船舶の省エネ化・省 CO₂ 化の推進 ▶ 内航船「省エネ格付け」制度の創設・普及 (2017 ～暫定試行、2019 ～本格導入) ▶ 代替燃料の普及促進に向けた取組 (「先進船舶」としての LNG 燃料船の普及促進)	○ 省エネ格付け制度について、暫定運用に基づき、内航船 19 件に格付けを付与 (～ 2019 年 5 月末時点) ⇒ 2019 年度以降の本格運用に向け、評価方法等の検討。 ○ 天然ガス燃料船に関する先進船舶導入等計画を認定 (2018 年 3 月) ⇒ 引き続き、先進船舶導入等計画認定制度を活用する等して、天然ガス燃料船の普及に向けた取組を推進
○ 造船業の生産性向上	○ 内航未来創造プラン策定以降、造船技術研究開発費補助事業において、建造分野で 31 件（事業開始からの累計では 45 件）の事業に対して、補助金の交付を決定（2019 年 5 月末時点） ⇒ 引き続き、造船現場の生産性向上に資する技術開発を支援するとともに、開発された技術の普及への取組を実施する予定 ○ 内航未来創造プラン策定以降、中小企業等経営強化法に基づき、55 件 (制度開始からの累計では 97 件) の経営力向上計画を認定 (2019 年 5 月末時点) ⇒ 制度及び支援措置の周知並びに計画策定のサポート

○ 造船業の生産性向上	○ 中小造船事業者を支える造船人材の確保・育成のため、造船教員養成プログラムを作成 ⇒ 同プログラムを教育機関に提供することにより、高校における造船担当教員のスキルアップを図り、造船教育の強化を推進

出典：国土交通省作成資料より

表5.3　船員の安定的・効果的な確保・育成

内航未来創造プランの内容	2019年6月時点までの具体的施策の進捗状況
○ 高等海技教育の実現に向けた船員の教育体制の抜本的改革 ▶ (独) 海技教育機構における教育改革（質が高く、事業者ニーズにマッチした船員の養成）	○ （独）海技教育機構のあり方について幅広い関係者による検討を行うため、「船員養成の改革に関する検討会」を開催し、海上技術学校から海上技術短期大学への段階的な移行や、航機両用教育から航機専科教育への移行についてとりまとめ、公表（2019年2月）
○ 船員のための魅力ある職場づくり ▶ 499総トン以下の船舶の居住区域を拡大しても従前の配乗基準を適用するための検討、安全基準の緩和 ▶ 労働環境の優れた職場のPR ▶ 船員派遣事業の許可基準の見直し (2017～) 等 ▶ 女性の活躍促進	○ 499総トン以下の貨物船の居住区域を船員の確保・育成のために拡大することに伴い、509総トンまで増トンした場合でも、船員配乗の基準及び設備に関する一部の安全要件を499総トンと同等とすることの緩和措置を導入（2018年8月）。 ○ 船員安全・労働環境取組大賞の創設、取組のベストプラクティス集のとりまとめ（2017年3月～） ・・・船内の労働災害の防止の他、安全運航、健康管理、陸上からの船内労働への支援、女性の就労支援等の労働環境の改善に関する取組を表彰する制度（船員安全・労働環境取組大賞「船員トリプルエス大賞 (SSS)」）を創設。毎年度、表彰を実施し、過去の優れた安全取組事例とともにベストプラクティス集としてとりまとめ、公表している。 ○ 船員派遣事業の許可基準の見直し（2017年9月） ・・・財産要件等の緩和に係る許可基準の見直しについて基準に係る通達の一部改正 ○ 女性船員の活躍促進に向けた女性の視点による検討会（2017年6月） ・・・委員全てが学識経験者、船員経験者及び海運業界の女性で構成された「女性船員の活躍促進に向けた女性の視点による検討会」を設置し、2018年4月に提案をとりまとめ ○ 海事産業における女性活躍の取り組み事例集の発行（2018年4月～） ・・・女性船員の活躍や企業の先進的な取組事例を事例集としてとりまとめ、情報発信を実施
○ 働き方改革による生産性向上 ▶ 船員配乗のあり方の検討 (2017～) 等	○ 「後継者確保に向けた内航船の乗組みのあり方に関する検討会」の開催（2017年6月～） ⇒ 関係者との調整を図りながら引き続き実施

出典：国土交通省作成資料より

表5.4　その他の課題への対応

内航未来創造プランの内容	2019 年 6 月時点までの具体的施策の進捗状況
○ 内航海運暫定措置事業の現状と今後の見通し等を踏まえた対応	○ 日本内航海運組合総連合会において、暫定措置事業終了により発生し得る具体的な影響や事業者の意見等を把握しつつ、議論中。 ⇒ 業界の議論を注視する。今後、内航未来創造プランに示されているように「業界における議論の結果も踏まえ、国において、暫定措置事業の終了後の課題や国の対応等について検討する」こととなる。
○ 船舶の燃料油に含まれる硫黄分の濃度規制への対応	○ 規制適合油を使用する際に必要となる対策や留意すべき事項について、専門家の技術的知見や混合安定性試験などの各種調査結果をまとめた「2020 年 SOx 規制適合船舶燃料油使用手引書」を 4 月に公表・周知。 ⇒ 国内で供給予定の規制適合油のサンプルを用いた実船トライアルを早急に実施するべく、資源エネルギー庁などとともに準備を進めている。 ○ 環境規制対策に伴って生じる環境コストの適切な分担のため、「内航海運事業における燃料サーチャージ等ガイドライン」を策定し、4 月に公表。また、規制強化に伴う影響については、荷主も含め広く社会の理解を得る必要があることから、4 月に日本経済団体連合会、関係業界と共催で「海運分野における SOx 規制を考えるシンポジウム」を開催。 ⇒ 引き続き、「内航海運事業における燃料サーチャージ等ガイドライン」などを活用しつつ荷主の環境規制への理解の醸成を図る。 ○ 規制適合油から需要を分散させ、燃料油の需要の安定化を図るため、C 重油よりも品質の良い A 重油を使用する船舶の建造支援、従来の廉価な高硫黄 C 重油を使用できる排気ガス洗浄装置（スクラバー）の導入促進、LNG 燃料船の導入促進等の施策を実施中。
○ 海事思想の普及	○「海の月間」において、全国各地で官民が連携して 700 以上の行事を開催 ⇒ 関係自治体等との調整を図りながら引き続き実施。 ○ 各地で海洋教育の取組みを推進 ⇒ 複数の小学校で海洋教育プログラムの試行授業を実施、事例収集及びプログラムの改善を図る。 ○ 船員教育に対する理解を深めるため、各学校におけるオープンキャンパス／スクール、学校説明会の実施、練習船における一般公開及び体験乗船を実施 ⇒ 関係自治体等との調整を図りながら引き続き実施。

出典：国土交通省作成資料より

5.3 内航未来創造プランの具体的進捗状況

　前節では 2019（令和元）年 6 月時点の進捗状況を掲載した。本節では、内航未来創造プランで示された具体的施策の内、一定の方向性が示された施策の概要と進捗状況について説明する。

5.3.1　登録船舶管理事業者制度

　2017（平成 29）年 10 月、国土交通省は、内航未来創造プランが、船舶管理会社の活用を進めるため「国土交通大臣登録船舶管理事業者」（仮称）登録制度を創設し、2018（平成 30）年度より運用を開始するとしたことから、学識経験者及び海事業界団体の代表等 で構成する「船舶管理会社の活用に関する新たな制度検討会」（以下、船舶管理会社登録制度検討会という）を設置し、当該登録制度を創設するための制度設計の検討を始めた。

　2018（平成 30）年 1 月、船舶管理会社登録制度検討会は、その検討結果として『船舶管理会社の活用に関する新たな制度について（これまでの議論を踏まえた整理)』（以下、船舶管理会社登録制度検討報告書という）を発表した。船舶管理会社登録制度検討会は、船舶管理会社の登録制度について、以下のとおりとするべきとした。

船舶管理会社登録制度検討報告書（抜粋）

　2．登録の対象範囲

　　本登録制度における船舶管理業務の内容は、船舶管理業務の実態等を踏まえ、船員を雇用し、管理する船舶に配乗等する業務である「船員配乗・雇用管理」、管理する船舶の堪航性を維持する業務である「船舶保守管理」、及び配乗する船員を通じて管理する船舶の運航実施を管理する業務である「船舶運航実施管理」の 3 つを対象とする。

　　特に、3 つの業務を一括して行い、一定水準以上の船舶管理業務を提供する登録船舶管理事業者が増加することにより、船舶管理業務全体の質が高まるとともに、登録船舶管理事業者による集約的な管理が行われることにより、船舶管理業務に係る内航海運業者の負担を減らすことが可能となる。このため、3 つの業務を一括して実施する者を「第一種登録船舶管理事業者」として登録の

対象とすることとする。また、内航海運業者が保守費用の効率化を図ろうとするなどの需要に対応し、船舶保守管理業務に係る船舶の入渠時等の業務のみを実施する者を「第二種登録船舶管理事業者」とすることとする。

　なお、内航海運では、船舶毎に用船契約や船舶管理契約を締結することが一般的であることから、ある登録船舶管理事業者が、船舶により異なる立場（第一種登録船舶管理事業者又は第二種登録船舶管理事業者）であることが起こりうるが、登録要件等を踏まえ、第一種登録を受けた事業者は、第二種登録船舶管理事業者としての業務を行うことも可能とする。

3．登録制度の仕組み

（1）船舶管理業務を営もうとする者は、国土交通省に備える登録簿に登録ができることとする。

（2）登録に当たっては、人的要件や業務遂行能力などの登録要件を設けるとともに、登録船舶管理事業者は、船舶管理業務に当たって、一定の事項を遵守することとする。これらの事項には、船舶管理業務に関する規程の作成、契約先の相手方や組織内の円滑なコミュニケーションの実施等を盛り込むこととする。また、登録船舶管理事業者は、業務に係る年次報告をすることとする。

（3）国土交通大臣は、登録船舶管理事業者が適切な業務運営を行うため、必要な指導、助言及び勧告をすることができることとする。また、登録船舶管理事業者が行う船舶管理業務に関して不正又は著しく不当な行為をした場合等においては、登録を抹消することができることとする。この場合、一定期間は、再登録ができないものとする（業務に関して他の法令に違反する行為や（2）の事項が遵守されない場合などを想定）。

（4）登録に有効期間を設け、その更新時に自己及び第三者による船舶管理業務に関する評価を実施することとする。なお、有効期限については、最初の登録機関と更新の登録期間とに関し、安全品質の確保や遵守事項を踏まえて検討の上、制度設計することとする。

4．登録制度の位置づけ

　登録制度は、一定水準以上の船舶管理業務の質を有する者を、「見える化」するものとして位置づける。

　登録制度に基づく情報の公表、指導等により、登録を受けた船舶管理会社は、適正に業務を遂行することが求められ、その結果として一定水準以上の業務の質を有するものと位置付けられる。このため、内航海運業者が船舶管理契約を締結しようとする際に、船舶管理会社の管理水準の把握が容易となると考えら

れる。

　船舶管理契約の締結や船舶管理会社の活用が十分に進んではいない現状を踏まえ、登録制度の創設に当たっては、柔軟な制度運用を可能としつつ、規範性を有する枠組みとしての告示による制度が、創設の趣旨に資すると考えられる。

6．船舶管理業務適正化に向けた制度構築の課題と当面の方針

（1）登録制度の周知について

　登録船舶管理事業者及び内航海運業者に対して、登録制度の導入により登録船舶管理事業者に遵守が求められる事項の周知や、船舶管理契約と用船契約における契約形態や責任関係の相違等の理解の醸成について、継続的に取り組む必要がある。また、登録船舶管理事業者が利用可能なシンボルマーク等を作成して、登録制度について、一層の周知、普及を図ることが重要である。

（2）登録の促進及び内航海運業の活性化について

　内航海運業者が登録船舶管理事業者を活用する場合のインセンティブの設定等の登録を促進するための取組みをはじめ、内航海運業の活性化に資する事業環境の整備を図ることが重要である。

（3）評価制度の具体化

　安全品質の高い船舶管理業務の安定的かつ継続的な実施を確保するため、「3．登録制度の仕組み」の（4）のとおり、登録船舶管理事業者は、登録を受けた業務を適切に遂行しているかどうかについて、一定期間後、自己及び第三者による評価を実施することとなるので、当該評価の評価事項や運用方法等の具体的内容については、今後、検討を進める必要がある。

　2018（平成30）年3月、国土交通大臣は、船舶管理会社登録制度検討会の報告を受け、『登録船舶管理事業者規程』（国土交通省 告示 第466号）を発表した。その概要は、以下のとおりである。

登録船舶管理事業者規程（抜粋）

目的（第一条）

　この規程は、登録船舶管理事業者に関し必要な事項を定めることにより、その業務の適正な運営を確保し、もって内航海運業の健全な発達に資することを目的とする。

定義（第二条）

　「船舶管理」とは、次のいずれかに該当する管理をいう。

- ・保守管理：船舶の堪航性を保持するための保守に係る管理
- ・船員配乗・雇用管理：船員の配乗及び雇用に係る管理
- ・船舶運航実施管理：船舶の運航の実施に係る管理

　登録船舶管理事業者の種類は、次の２つとする。

- ・第一種登録船舶管理事業者：上記の全ての船舶管理を行う登録船舶管理事業者をいう。
- ・第二種登録船舶管理事業者：船舶保守管理（船員に対する指揮命令を行うものを除く。）のみを行う登録船舶管理事業者をいう。

登録（第三条）

　初回登録の有効期間は、３年とする。

　引き続き登録船舶管理事業者を営む者は更新することとし、更新後の有効期間は、５年とする。

遵守事項（第八条）

　登録船舶管理事業者は、船舶管理業を行うに当たっては、次に掲げる事項を遵守しなければならない。

① 船舶管理規程の継続的な見直しを行うこと。

② 労働安全衛生法（昭和四十七年法律第五十七号）の遵守のための留意事項の周知徹底を行うこと。

③ 緊急事態に対処するための措置に関する要領を策定し、必要な訓練を実施すること。

④ 事故に関する解析を行うこと。

⑤ 定期的に内部監査を実施すること。

⑥ 管理する船舶毎に船員の職務及び役職並びに責任の明確化を図ること。

⑦ 陸上要員（事業所において船舶管理に従事する者をいう）を含む船員の雇用、教育及び配置を適正に行うこと。

⑧ 第一種登録船舶管理事業者にあっては、安全管理及び運航管理に係る業務

について、内航海運業者との連携の確保に努めること。

⑨ 第一種登録船舶管理事業者にあっては、海洋汚染等及び海上災害の防止に関する法律の遵守のための留意事項の周知徹底を図ること。

⑩ 第一種登録船舶管理事業者にあっては、荷役作業の手順及び安全確保に関する要領を策定し、船員に周知を行うこと。

業務改善に関する勧告等（第十二条）

国土交通大臣は、登録船舶管理事業者が次の各号のいずれかに該当するときは、当該登録船舶管理事業者に対し、その業務の適正な運営を確保するため必要な指導、助言及び勧告をすることができる。

① この規程に違反したとき。

② 業務に関し内航海運業者に損害を与えたとき、又は損害を与えるおそれが大であるとき。

③ 業務に関し公正を害する行為をしたとき、又は公正を害するおそれが大であるとき。

④ 業務に関し他の法令に違反し、登録船舶管理事業者として不適当であると認められるとき。

⑤ 前各号に掲げる場合のほか、業務に関し不正又は著しく不当な行為をしたとき。

登録簿等の閲覧（第十六条）

国土交通大臣は、以下の書面又は写しを一般の閲覧に供するものとする。

① 登録船舶管理事業者登録簿

② 業務及び財産の分別管理等の年次報告

③ 登録の更新時に行う自己評価及び第三者評価の結果

評価（第十七条）

登録船舶管理事業者は、その行う船舶管理に係る業務の質について、登録の有効期間の満了する日の三月前の日から当該満了する日の前日までの間に、自ら評価を行うとともに、第三者による評価を受けなければならない。

これらの評価の結果は、第三条第三項の登録の更新時に、国土交通大臣に報告することとする。

業務の再委託（第十八条）

第一種登録船舶管理事業者は、船舶保守管理（船員に対する指揮命令を行うものを除く。）について、他の者に再委託することができる。この場合において、当該登録船舶管理事業者は再委託をした船舶保守管理に関する監督を行い、再委託を受けた者が、この規程の定めるところによりその業務を行うよう努めなければならない。

　2018（平成30）年4月、登録船舶管理事業者規程に基づいた登録船舶事業者制度が導入され、登録申請の受付が始まった。一方で、国土交通省は、登録船舶管理事業者規程第十七条に定められている、登録事業者の登録の有効期限が切れる前に行わなければならない自己評価及び第三者評価の詳細を検討するため、2018（平成30）年度中に2回の「登録船舶管理事業者評価制度検討会」を開催した。しかし、2020（令和2）年12月末現在、その検討結果は明らかにされていない。このため、本書において検討結果の詳細について示すことはできないが、国土交通省のホームページには、第二回 登録船舶管理事業者評価制度検討会の資料として、『登録船舶管理事業者評価制度の主な方向性について（案）』[4] や『登録船舶管理事業者評価制度のとりまとめについて（案）』[5] が示されており、評価の際に使用される『評価項目（チェックリスト）について（案）』[6] も示されていることから、これらの内容を基に、評価制度の概要を示しておく。

(1) 求められる評価

　登録船舶管理事業者が、登録の期間満了時に求められている評価は、自らが評価する自己評価と評価機関による第三者評価の2種類が存在する。

(2) 評価の流れ

　登録船舶管理事業者は、更新の3か月前に、自己評価を進め、第三者評価機関へ評価を申請し、自己評価結果を提出することとしている。また、自己評価・第三者評価を実施した登録船舶管理事業者が、その評価結果を踏まえて船舶管理業務を改善した場合、その後再び、自主的に自己評価及び第三者評価を受けることを認めることとしている。

---

4 国土交通省：『登録船舶管理事業者評価制度の主な方向性について（案）』，オンライン，http://www.mlit.go.jp/common/001293354.pdf，2019年12月5日参照

5 国土交通省：『登録船舶管理事業者評価制度のとりまとめについて（案）』，オンライン，http://www.mlit.go.jp/common/001293355.pdf，2019年12月5日参照

6 国土交通省：『評価項目（チェックリスト）について（案）』，オンライン，http://www.mlit.go.jp/common/001293356.pdf，2019年12月5日参照

(3) 評価項目

　安定的かつ継続的に体制を整備・確保し（表5.5及び表5.6）、登録を受けた船舶管理業務を適切に実施しているかどうかを確認する（表5.7、表5.8、表5.9）ため、登録船舶管理事業者規程第4条の登録要件及び第8条の遵守事項等を軸として、全57項目を策定し、必須の項目のみとしている。特に、登録制度については、登録船舶管理事業者の業務の実施体制について主眼を置いていることから、以下の1) を重点的に評価するため、整理を行っている。

1)　必要な組織体制を整備・確保しているかどうか（41項目）

　① 適正な業務の安定的な実施、改善に向けた PDCA サイクルの構築がなされているか
　② 組織内において、船舶管理業務に関する認識の共有がなされているか

2)　船舶管理の実施を適切に行っているかどうか（16項目）

　① 船舶保守管理（2項目）：船舶保守管理計画を策定しているか等
　② 船員配乗・雇用管理（6項目）：安全衛生基準を策定しているか等
　③ 船舶運航実施管理（8項目）：船舶運航実施基準を策定しているか等

(4) 評価方法

　第三者評価機関による評価の実施方法は、評価機関や登録船舶管理事業者の負担も踏まえ、書類審査（写真等の電子データの送付）やインタビューによるものとしている。つまり、検船や実地検査を義務づけていない。

(5) 自己評価結果の取扱い

　登録船舶管理事業者は、自己評価結果を第三者評価機関へ報告しなければならない。また、更新以降、自己評価結果を自らの HP などで公表することを可能としなければならない。なお、規程第8条第1項第5号に基づく内部監査の実施において、国土交通省が作成したチェックリストを活用している場合は、直近の内部監査の結果の一部を自己評価として提出することを認めている。

表5.5　評価項目（船舶管理業務を実施するための整備　その1）

番号	項目	評価内容	該当条項	評価
1	船舶管理規程の策定	船舶管理方針に基づいて船舶管理業務を安全かつ効率的に実施するための具体的な手順をおよび以下に示す内容を記載した船舶管理規程を策定しているか	4条1項7号ロ	はい いいえ
2	船舶管理規程の策定	組織体制に関する事項	4条1項7号ロ	あり なし
3	船舶管理規程の策定	勤務体制に関する事項	4条1項7号ロ	あり なし
4	船舶管理規程の策定	経営者の責務に関する事項	4条1項7号ロ	あり なし
5	船舶管理規程の策定	船舶管理統括責任者及び船舶管理責任者の権限及び責務に関する事項	4条1項7号ロ	あり なし
6	船舶管理規程の策定	情報の伝達及び共有に関する事項	4条1項7号ロ	あり なし
7	船舶管理規程の策定	内部監査に関する事項	4条1項7号ロ	あり なし
8	船舶管理規程の策定	教育及び研修に関する事項	4条1項7号ロ	あり なし
9	船舶管理規程の策定	管理船舶の所有者との連絡調整に関する事項	4条1項7号ロ	あり なし
10	船舶管理規程の策定	管理船舶のオペレーターとの連携に関する事項	4条1項7号ロ	あり なし
11	船舶管理規程の策定	文書の整備及び管理に関する事項	4条1項7号ロ	あり なし
12	船舶管理規程の策定	船舶管理業務の実施及びその管理の方法の改善に関する事項	4条1項7号ロ	あり なし
13	船舶管理規程の策定	船舶管理統括責任者の選任及び解任に関する事項	4条1項7号	はい いいえ
14	船舶管理規程の策定	船舶管理責任者の選任及び解任に関する事項	4条1項7号ロ	あり なし
15	陸上要員の採用、教育及び配置	船舶管理業務を実施するために必要な陸上要員を採用しているか	8条7号	はい いいえ
16	緊急時対応処理要領の策定	管理船舶において重大な事故等が発生した場合に経営者、危機管理責任者、船舶管理統括責任者、当該管理船舶を担当する船舶管理責任者等関係者がとるべき措置を記載した緊急時対応処理要領を策定しているか	8号3号	はい いいえ
17		人命救助の最優先	8号3号	はい いいえ
18		常に最悪の事態を想定した対応	8号3号	はい いいえ
19	緊急時対応処理要領の策定	重大事故等への対応の他の全ての業務に対する優先	8号3号	はい いいえ
20		管理船舶の船長と十分にコミュニケーションの形成とその判断の尊重	8号3号	はい いいえ
21		陸上要員により講じられるあらゆる措置	8号3号	はい いいえ

出典：国土交通省 第2回 登録船舶管理事業者評価制度検討会資料

表5.6　評価項目（船舶管理業務を実施するための整備　その２）

番号	項目	評価内容	該当条項	評価
22	船舶管理責任者の任命	船舶管理責任者を任命しているか	4条1項8号	はい いいえ
23	船舶管理統括責任者の任命	2名以上の船舶管理責任者を任命した場合には、船舶管理統括責任者を任命しているか	4条1項8号	はい いいえ 該当なし
24	船舶管理方針の策定	以下の事項を記載した船舶管理方針を策定しているか	4条1項7号イ	はい いいえ
25		基本的な方針に関する事項	4条1項7号イ	あり なし
26		法令等の遵守に関する事項	4条1項7号イ	あり なし
27		取り組みに関する事項	4条1項7号イ	あり なし
28		顧客との関係構築に関する事項	4条1項7号イ	あり なし
29	船舶管理規程の継続的な見直し	船舶管理規程に対して定期的に評価を行い、評価結果に基づき見直しを行っているか	8条1号	はい いいえ
30	見直しの実施	内部監査の結果に基づき、船舶管理規程の見直しを行っているか	8条1号	はい いいえ
31	役職と責任の明確化	管理船舶毎に各船員の職務と責任を明示した担当者一覧表を作成しているか	8条6号	はい いいえ
32	陸上要員の採用、教育及び配置	陸上要員に対して、船舶管理方針、オーナーの定める各種管理基準、海事関係法令その他輸送の安全を確保するための教育を定期的に実施しているか	8条7号	はい いいえ
33	陸上要員の採用、教育及び配置	船舶管理業務を実施するために陸上要員を適切に配置し、担当者一覧表に基づいて各陸上要員に船舶管理業務を実施させているか	8条7号	はい いいえ
34	労働安全衛生法等の遵守に関する留意事項の周知徹底	船舶管理業務の実施に際して、労働安全衛生法等の遵守に関して留意すべき事項をあらかじめ文書にとりまとめ、陸上要員及び船員に対する周知徹底を図っているか	8条2号	はい いいえ
35	安全教育の徹底	1年に1回以上の頻度で、陸上要員を管理船舶に訪問させて安全教育を実施しているか	8条7号	はい いいえ
36	事故等の解析	管理船舶において発生した事故及び各種トラブルの全てについて、応急措置及び復旧措置が終了後に速やかに再発防止のための調査及び原因分析を行い、再発防止策を講じているか	8条4号	はい いいえ
37		重大な事故に繋がる可能性のあった事象の発生が認められた場合には、船長に必ず報告させているか	8条4号	はい いいえ
38		重大な事故に繋がる可能性のあった事象について調査及び原因分析を行い、再発防止策を講じているか	8条4号	はい いいえ
39		調査及び原因分析の結果並びに再発防止策について、随時又は定期的な安全教育の機会に船員に周知しているか	8条4号	はい いいえ
40	内部監査の実施	事業所及び管理船舶を対象として、1年に1回以上の頻度で内部監査を実施しているか	8条5号	はい いいえ
41	緊急時対応訓練の実施	船員法及び同法施行規則並びに管理船舶に適用される安全管理規程並びに緊急時対応処理要領に基づいて訓練を定期的に実施しているか	8条3号	はい いいえ

出典：国土交通省 第2回 登録船舶管理事業者評価制度検討会資料

表5.7　評価項目（船舶の堪航性を保持するための保守に係る管理の業務）

番号	項目	評価内容	該当条項	評価
42	管理船舶の堪航性の確認	全ての管理船舶の船体、機関及び設備の堪航性が関係法令に適合しているか	4条1項9号	はい いいえ
43	船舶保守管理計画の策定	管理船舶毎に船体、機関及び設備に関する船舶保守管理計画を策定しているか	4条1項9号	はい いいえ

出典：国土交通省 第2回 登録船舶管理事業者評価制度検討会資料

表5.8　評価項目（船員の配乗及び雇用に係る管理の業務）

番号	項目	評価内容	該当条項	評価
44	船員の採用と教育と配乗	船舶管理業務を実施するために必要な船員を採用しているか	8条7号	はい いいえ
45		船員（派遣船員を含む）に対し、船舶管理規程、海事関係法令その他輸送の安全を確保するために必要な事項に関する教育を定期的に実施しているか	8条7号	はい いいえ
46		管理船舶に、海事関係法令に基づく必要な資格・能力及び身体適性を有する船員を配乗させているか	8条7号	はい いいえ
47	船員安全衛生基準の策定	船員法、船員労働安全衛生規則等に基づいて船員が行う船内作業による危害の防止及び船内衛生の保持を図るため、船員安全衛生基準を策定しているか	4条1項10号	はい いいえ
48		当該基準を管理船舶に備え付けているか	8条2号	はい いいえ
49		船員へ周知徹底しているか	8条2号	はい いいえ

出典：国土交通省 第2回 登録船舶管理事業者評価制度検討会資料

(6) 第三者評価結果の取扱い

　評価を受けた者は、自己評価及び第三者評価の結果の総評をそれぞれ国土交通大臣に報告しなければならない。総合的な評価の評価を行う様式については、別添定められた書式を使用しなければならない。

(7) 第三者評価機関

　第三者評価を行う評価機関としては、「国が、評価の体制が整備されていると判断する、ISO 等審査登録機関や業界団体等を評価機関として、申請に基づき認定するものとする」としている。

表5.9　評価項目（船舶の運航の実施に係る管理の業務）

番号	項目	評価内容	該当条項	評価
50	運航実施基準の策定	管理船舶毎に、当該管理船舶の運航についてオペレーターが定めた運航基準との整合性を確保しているか	8条8号	はい いいえ
51		管理船舶毎に配乗された船長及び船員が遵守すべき運航実施基準を策定しているか	4条1項 11号	はい いいえ
52		当該管理船舶の船長及び船員に周知徹底しているか	4条1項 11号	はい いいえ
53	荷役当直要領・荷役作業安全確保要領の策定	荷役当直に関する手順、注意事項、荷役作業中に事故が発生した場合の対処方法などを記載した荷役当直要領を策定しているか	8条10号	はい いいえ
54		船員法及び船員労働安全衛生規則等の法令を遵守した作業手順や安全確保上重要な留意事項その他必要な情報を記載した荷役作業安全確保要領を策定しているか	8条10号	はい いいえ
55		当該船舶の船長及び船員に周知徹底しているか	8条10号	はい いいえ
56	環境汚染防止基準の策定	海洋汚染及び海上災害の防止に関する法律に基づき管理船舶からの油の排出の禁止、船舶からの有害液体物質等の排出の禁止、船舶からの排出物の排出の規制、船舶からの排出ガスの放出の規制等を遵守するため、これらに関する具体的な手順を記載した環境汚染防止基準を策定しているか	8条9号	はい いいえ
57		管理船舶の船長及び船員に周知しているか	8条9号	はい いいえ

出典：国土交通省 第2回 登録船舶管理事業者評価制度検討会資料

5.3.2　安定・効率輸送協議会

　内航未来創造プランは、2017年度中に関係者が内航海運における構造的課題について、中長期的視野に立ち問題意識を共有し取り組んでいく体制として、産業基礎物資の品目（鉄鋼、石油製品、石油化学製品等）ごとに、荷主企業、内航海運業者（オペレーター及びオーナー）、行政等からなる「安定・効率輸送協議会」を設置し、定期的に開催するとした。

　当該「安定・効率輸送協議会」は、2018（平成30）年2月13日に第1回の会議が開催され、協議会の開催趣旨など、内航海運の現状について説明が行われた。意見交換では、荷主企業から、以下のような発言があった[7]。

---

7 国土交通省：『第1回 安定・効率輸送協議会 議事概要』，オンライン，http://www.mlit.go.jp/common/001226197.pdf，2019年12月8日参照

① 荷主と内航海運業界間の意識の共有が、より強固なパートナーシップの礎となり、ひいては、共存、共栄に資すると考えられることから、本協議会が両業界の相互理解と信頼の醸成を深める場となるよう期待している。

② これまでもかなり積極的に内航海運に関与。今後も本協議会を通じ、安定・効率輸送が実現し、さらに代替建造という観点から造船業も活性化されるというプラスのスパイラルが生まれることで、日本産業全体の強化に繋がることを期待するとともに、国の参画による各種法律等の整備や規制緩和、支援策の充実等、官民一体となった改善・発展が実現されることを期待している。

名　称		安定・効率輸送協議会
構成員	荷主	日本鉄鋼連盟 石油連盟 石油化学工業協会
	内航海運	日本内航海運組合総連合会 内航大型船輸送海運組合 全国海運組合連合会 全国内航タンカー海運組合 全国内航輸送海運組合 全日本内航船主海運組合
	行政	国土交通省海事局 経済産業省製造産業局金属課（オブザーバー） 経済産業省製造産業局素材産業課（オブザーバー） 資源エネルギー庁資源・燃料部石油精製備蓄課（オブザーバー）

名　称		鉄鋼部会	石油製品部会	石油化学製品部会
構成員	荷主	日本鉄鋼連盟 製品物流小委員会メンバー	石油連盟 海運専門委員会メンバー	石油化学工業協会 内航ケミカル船ＷＧメンバー
	内航海運	内航大型船輸送海運組合 全国海運組合連合会 全国内航輸送海運組合 全日本内航船主海運組合	全国内航タンカー海運組合	全国内航タンカー海運組合
	行政	国土交通省海事局内航課 経済産業省製造産業局 　金属課（オブザーバー）	国土交通省海事局内航課 資源エネルギー庁資源・燃料部 　石油精製備蓄課（オブザーバー）	国土交通省海事局内航課 経済産業省製造産業局 　素材産業課（オブザーバー）

出典：安定・効率輸送協議会＜3部会合同会合＞資料より作成[8]

図5.10　安定・効率輸送協議会及び部会の構成

8 国土交通省：『安定・効率輸送協議会の構成』，オンライン，http://www.mlit.go.jp/common/001292831.pdf，2019年12月28日参照

③ 大きな課題は、荷主と内航海運業界間で共有されていると思われ、今後、本協議会を通じ、実行可能な対策の立案を進めていくことが必要。荷主、オペレーター、オーナーが一体となって、実のある協議が行われていくことを期待している。

また、同月の下旬には、輸送品目ごとの石油製品部会、石油化学製品部会、鉄鋼部会の第1回目の会議が開催された。それぞれの会議の中では、「さまざまな課題に対応すべく、多層的な視点から分析を行い、海事行政の中で取り組むべきもの、協議会・部会の枠組みの中で取り組むべきもの等々、課題の深掘りを踏まえた場合分けを図りながら、次回以降の検討につなげてまいりたい。」[9]との発言があった。

その後、2019年5月に内航海運におけるSOx規制強化への対応状況について共有及び意見交換を行うとともに、内航船員の労働実態調査の結果について国土交通省から情報提供を行うことを目的として3つの部会（石油製品部会、石油化学製品部会、鉄鋼部会）の合同会議が開催された。しかし、2020（令和2）年12月末の時点で、当該合同会議の議事概要は公開されておらず、安定・効率輸送会議及び3つの部会について、その後の会議は開催されていない。

5.3.3 自動運航船

国土交通省は、2016年を「生産性革命元年」と位置づけ、産業の生産性向上や新市場開拓を支える取組を加速化する20のプロジェクトを選定した。国土交通省 海事局では、この一環として「i-Shipping」と「j-Ocean」の2つのプロジェクトからなる「海事生産性革命」を推進している。「i-Shipping」には、「Design（開発・設計段階）」、「Production（建造段階）」、「Operation（運航段階）」の分野があり、自動運航船は、Operation（運航段階）として、2025年までの実用化を目指した取組が行われている。

---

9 国土交通省：『第1回 安定・効率輸送協議会 ＜鉄鋼部会＞ 議事概要』, オンライン, http://www.mlit.go.jp/common/001230443.pdf, 2019年12月28日参照

出典：国土交通省 海事局『海事レポート2019』

図5.11　海事生産性革命のイメージ

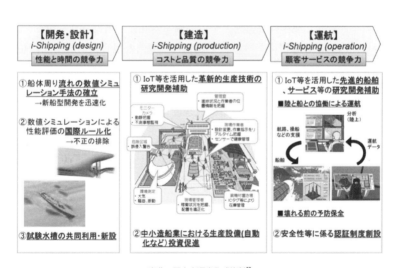

出典：国土交通省作成資料[10]

図5.12　i-Shippingのイメージ

10 国土交通省：『世界最先端IT国家創造宣言・官民データ活用推進基本計画に基づく取組
状況』,高度情報通信ネットワーク社会推進戦略本部（ＩＴ総合戦略本部）第7回　官民
データ活用推進基本計画実行委員会 資料6，2017年

　現状、自動運航船は、広く共有される認識や定義がまだ固まっていない。しかし、交通政策審議会 海事分科会 海事イノベーション部会の『海事産業の生産性革命の深化のために推進すべき取組について 〜平成28年6月3日答申のフォローアップ〜』においては、「一般にIoT、ICT、データ解析技術等の最新技術、各種センサー及び広帯域通信により接続された陸上監視・制御拠点を使用することで、外部状況認識（見張り）、機器等の状態監視、操船、機関制御、貨物管理・荷役、離着桟その他船舶の運航に伴う船上業務（タスク）の一部又は全部を高度に自動化（自律化）又は遠隔制御化した船舶及びその運航システムをいう」とされている。

　自動運航船の実用化により、人間は、より高度で戦略的な意思決定やタスク実行に集中することが可能となり、労働環境の改善や働き方改革による生産性向上が期待されている。

　また、自動運航船の実現は、船上だけでなく陸上拠点からの運航業務への参画という新たな可能性も開かれることになる。自動運航船の運航においては、船舶運航の現場とデジタル技術の両面を知悉する高度な人材の重要性は、むしろ高まることから、職場の魅力向上や労働価値の向上も期待されている[11]。

　しかし、自動車の分野における自動運転と比較した場合、一般的な商船の場合は複数の船上業務を複数の人間が分担することで運航される点に特徴があり、また24時間稼働のプラントという性格も有している。

　このような特徴から、人間が運航に直接関与しない完全自動運航船の実現には、技術的に大きな課題が残されており、その実現には相当な時間を要すると考えられている。

---

11 交通政策審議会 海事分科会 海事イノベーション部会：『海事産業の生産性革命の進化のために推進すべき取組について 〜平成28年6月3日答申のフォローアップ〜』，p18，2018年

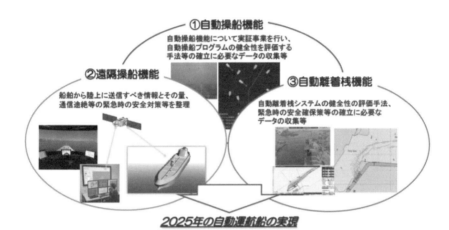

出典：国土交通省 海事局『海事レポート2019』

図5.13　自動運航船に関する実証事業の枠組み

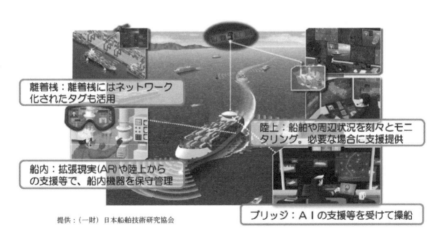

提供：(一財) 日本船舶技術研究協会

出典：交通政策審議会 海事分科会 海事イノベーション部会資料

図5.14　自動運航船のイメージ

表5.10 自動車運転との比較

	自動車運転	自動運航船
運転・運航	・一人の運転手が操縦	・操船、機関保守、貨物監視、離着桟等の複数の人間が作業を分担 ・船舶はクルーで運用される大型システムであり、24 時間稼働のプラントという性格も有する
物理特性	・数トン程度であり、敏捷性が高い（急発進、急停止、急旋回が可能）	・大型のものは数十万トン程度であり、敏捷性が低い（急発進、急停止、急旋回が不可能）
走行・航行環境	・動きは比較的速く、他車とほぼ常時近接 ・歩行者、自転車が周囲に多数存在する混合交通道路、車線、信号等、移動制約が多い ・故障等があっても支援を得られやすい	・動きは比較的遅く、他船とほぼ近接しない ・周囲には船舶が主だが、漁網や浮遊物も ・輻輳海域等一部を除き移動制約は少 ・長期間海上で孤立
開発動向	・密度の高い混合交通環境下で安全に走行するため、衝突被害軽減ブレーキ等、センサー技術を活用した事故防止に資する運転支援技術の開発実用化が進む ・センサー等による自車周辺物認識技術と3D 位置情報、GPS 等の組み合わせによる高度な自動運転技術の開発が進む	・航海計画策定、操船、船体・機器管理、貨物管理等の作業分野ごとに、安全性・効率性向上に資する技術開発が進んでいる。

出典：交通政策審議会 海事分科会 海事イノベーション部会資料より転載

5.3.4　船舶共有建造制度による円滑な代替建造の支援

　鉄道・運輸機構は、国の運輸政策に応じて船舶などの運輸施設の整備を推進するための支援を行い、輸送に対する国民の需要の高度化、多様化等に的確に対応した大量輸送機関を基幹とする輸送体系の確立を図ることなどを目的としている団体である。

　現在、船齢が 14 以上の内航船は、内航船全体の約 7 割を占めており、「船舶の高齢化」が進んでいる。しかし、内航海運業者の約 9 割が中小零細事業者であり、船舶の代替建造の推進には、民間の金融機関では融通が困難な低利・長期資金の供給などによる支援が必要となるため、代替建造を行うことができない。そこで、鉄道・運輸機構は、これら高齢化した内航船の代替建造促進のために、財政投融資計画に基づいて国から借り入れた資金を主な原資として、内航海運業者との船舶の共有建造を通じて、低金利の長期資金を内航海運業者に対して安定的に供給している。また、鉄道・運輸機構は、共有船舶の設計・建造に関する技術支援も行っている。

　さらに、共有船建造後は、鉄道・運輸機構が内航海運業者への技術支援を行い、内航海運業者は、船舶の使用料を一定期間支払い、共有期間満了後に船舶の残存価格を支払うことによって、最終的に内航海運業者が船舶の単独所有となる。

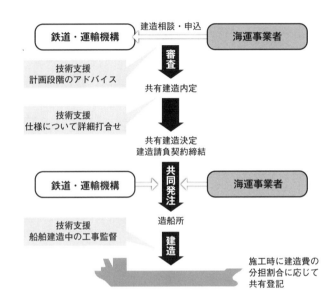

出典：鉄道・運輸機構「令和2年度共有建造制度について（制度改正及び制度概要）」

図5.15　共有建造スキーム（就航まで）

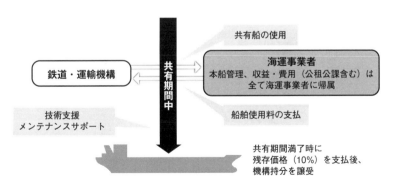

出典：鉄道・運輸機構「令和2年度共有建造制度について（制度改正及び制度概要）」

図5.16　共有建造スキーム（就航後）

表5.11　共有建造条件

項目	油送船 (特殊タンク船、薬品送船を含む)	貨物船
対象者	内航海運業法に基づく内航海運業の登録を受けている法人事業者	
対象船舶	・100総トン以上又は長さ30 m以上の鋼製の船舶であること ・機構の定める政策要件に該当すること ・内航の用に供する船舶で所轄地方運輸局長から登録事項の変更登録が得られること ・シングルハルタンカーでないこと ・土・砂利・石材専用船でないこと	
分担割合の上限	70 ～ 80%	
共有期間 (最大3年延長可)	10 年～ 13 年	12 年～ 15 年
据置期間	最大11 か月　※据置期間中は利息相当額のみ支払い	
用船保証 積荷保証	原則10 年以上 (但し、共有期間延長の場合は、原則として共有期間全期間の保証が必要)	
連帯保証	原則として、代表権を有する役員全員	
その他	日本内航海運組合総連合会の建造認定を必要とする貨物船を建造する場合は、その認定が必要(申請予定、申請中でも申込みは可能)	

出典：鉄道・運輸機構「令和2年度共有建造制度について（制度改正及び制度概要）」

　鉄道・運輸機構は、「内航未来創造プラン」の実現に向けた取組として、2018 年度に労働環境改善船の制度を設け、船員の居住環境改善と労働負担軽減を図る船舶の建造を促進している。労働環境改善船は、船員の居住環境改善のために、居住区の騒音や振動を抑えるとともに、各部屋に独立した空調機能や船内 LAN、Wi-Fiを備えた船舶である。また、労働負担軽減の観点から、航海データや機関データ

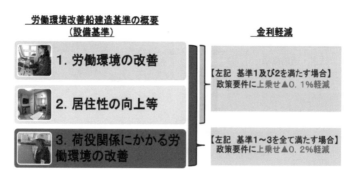

出典：鉄道・運輸機構「令和2年度共有建造制度について（制度改正及び制度概要）」

図5.17　労働環境改善船の概要

を効果的に活用する機器等を備えている。鉄道・運輸機構は、このような労働環境改善船を建造した内航海運業者に対して、金利を軽減する措置を取っている。

そのほか、鉄道・運輸機構は、政策要件（例えば環境負荷が低減される船舶）、信用リスク（経営状況等）、上乗せ要件（例えば登録船舶管理事業者の活用）を加味し、金利を最大で0.9％軽減することで、内航海運業者の代替建造促進を支援している。

表5.12　適用利率の増減（例）

軽減の項目	要件	基準利率からの増減
政策要件	スーパーエコシップ，LNG燃料船，先進二酸化炭素低減化船，高度モーダルシフト船	▲0.3％
	高度二酸化炭素低減化船	▲0.2% or ±0％
	離島航路就航船	▲0.1%
	ダブルボトムタンカー	＋0.2%
上乗せ要件	35歳未満の若年船員等を計画的に雇用する事業者が建造する船舶	▲0.2％ or ▲0.1％
	船舶管理会社を活用した事業基盤強化に資する船舶	
	船員雇用対策に資する船舶（労働環境改善船）	

出典：鉄道・運輸機構「令和2年度共有建造制度について（制度改正及び制度概要）」

column

安全の先取り "リスクパーセプション"

　安全はいつも危険と隣り合わせ。安全の鉄則は"焦（あせ）らず・慌（あわ）てず・侮（あなど）らず"である。そこで、安全を先取りするその手法、すなわち、リスクフィールドに散在する危険因子をいち早く見つけ、安全対策を講じるための"リスクパーセプション"を極めよう！

　以下にリスクパーセプションの概念図（図C-1）を示す。

　仕事や作業を行う場所（環境）をリスクフィールド（職場・現場）とする。このリスクフィールドには、6つの危険因子（A〜F）が示されている。例えば、図中の危険因子BとCはXさんが予測できた。Yさんは危険因子CとDを予測でき、危険因子DとFはZさんが、そして危険因子EとFはWさんが予測できたとする。6つの危険因子のうち5つはXさん、Yさん、Zさん、Wさんがそれぞれの危険感受性によって予測できた。しかし、危険因子Aは誰にも予測されず残ったままの状態である。事故や災害を防ぐためには、ただひとつリスクフィールドに残ったこの危険因子Aを徹底的に潰してしまう必要がある。何らかの危険因子がひとつでも残っていれば、その危険因子を排除することが安全対策には不可欠である。

163

危険因子を予測できるためには、危険感受性を高めるための訓練が必要である。この訓練は、KYT（Kiken Yochi Training：危険予知トレーニング）と称され、さまざまな作業場・職場で取り入れられている。リスクパーセプショントレーニング（危険感受性訓練）として、日々の作業場・職場で活用して欲しい。

（古荘雅生）

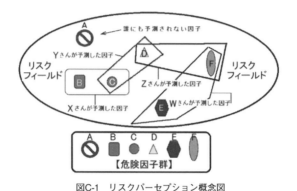

図C-1　リスクパーセプション概念図

5.3.5　女性の活躍の促進

　内航海運における女性船員の比率は僅か2％にとどまっており、女性船員の就労が進んでいない。一方、船員教育機関に入学する女子学生は毎年一定程度存在していることから、出口となる就労環境を整備していくことは、必須と考えられ、さらに、既に海技資格を取得した女性のうち約8割が資格を失効している状況から、このような女性が再び活躍できるような環境を整備していく必要がある。このため、内航未来創造プランは、2017年度より、国土交通省が、女性船員活躍に向けた検討会を設置し、2018年度より検討結果を踏まえた施策を実施するとした。これを受け、国土交通省は、2017（平成29）年6月に、「女性船員の確保に向けた女性の視点による検討会」（以下、女性船員確保に向けた検討会という）を設置し検討を行い、その結果、2018（平成30）年4月に『女性船員の活躍促進に向けた女性の視点による提案』を発表した。

女性船員確保に向けた検討会の提案（抜粋）

本検討会におけるこれまでの議論を踏まえ、以下の提案をとりまとめた。

（1）事業者の積極的な女性船員の雇用を促進するための情報の発信

以下の取り組みを実施してはどうか。

・女性船員の活躍促進に向けた取り組みを実施している事業者が、他の事業者に自社の経験・成功事例を紹介するなど、事業者間での積極的な情報提供・情報共有。

・事業者において、関係者の意識の向上のため、社員（特に船員）に対し、男女共同参画に関する周知。

・女性船員の活躍促進に係る講演会の開催や冊子の作成を行うなど、事業者に対する周知。

・女性船員の活躍促進に関するサイトを設置し、事業者に対し、海技資格等の種別毎の取得方法、女性船員のキャリアパス・ロールモデル・インタビュー・写真等、業界・事業者の取り組み等の情報発信。

（2）船員という仕事を職業として選択してもらうための女性船員に関する情報の発信

以下の取り組みを実施してはどうか。

・事業者が、自社における女性（特に船員）の活躍促進に向けた目標や活動方針を策定し、それに向けた取り組みを自社の HP に掲載する等、積極的な情報公開。

・船員教育機関において、関係者の意識の向上のため、学生及び教職員に対し、男女共同参画に関する周知。

・女性船員の活躍促進に係る講演会や女子学生等を対象とした事業者の説明会の開催、冊子の作成など、船員を志望する女子学生等に対する周知。

・職業紹介において、事業者が求人を実施する際、求人票に女性船員の労働環境に係る情報を提示する等、女性求職者に対する積極的な情報発信。

・船員という仕事を就職先の一つとして選択してもらえるよう、女性船員の活躍促進に関するサイトを設置し、船員を志望する女子学生等に対し、海技資格等の種別毎の取得方法、女性船員のキャリアパス・ロールモデル・インタビュー・写真等、業界・事業者の取り組み等の情報発信。

（3）女性船員が働き続けられる環境の構築

以下の取り組みを実施してはどうか。

・産休・育休制度の充実や、女性船員の人生設計を考慮した配置を行えるよう、事業者において船員の意思を定期的、あるいは時宜に応じて柔軟に確認するス

キームを構築し、結婚・出産等のライフステージに合わせ、本人の希望に応じた乗船期間の短縮や海上勤務と陸上勤務の円滑なリンクへと繋げる取り組み。

・職業紹介や派遣制度を活用した、結婚・出産後に海上勤務を希望する場合のサポート体制、結婚・出産後に海上勤務を希望する場合にそれを容易にするための研修の充実及び有効な海技資格の維持等、ニーズや実態を踏まえたサポート体制の構築。

・事業者側の女性船員の需要と女性船員側の多様な働き方のニーズに応じたマッチングが図られる体制の構築。

・事業者による、船内の居住設備（浴室、トイレ、洗面設備、洗濯機等）等、男女を問わず働きやすい船内環境構築の取り組み。

・居住環境及び離家庭性の改善の一助として、海上における通信環境の改善に向けた着実な取り組みや、労働環境の改善に向けた、荷役業務における陸側との役割分担の明確化、船内作業の自動化・省力化の取り組み。

また、労働意欲ある女性船員の潜在的労働力を最大限に引き出すべく、女性船員の就業促進に取り組みに対する支援が求められる。

出典：『女性船員の活躍促進に向けた女性の視点による提案』[12]

　前述に対し、女性船員確保に向けた検討会に委員（学識経験者）として参加した石田委員は、日本航海学会誌 NAVIGETION に「これらの解決策はいずれも金のかかる内容ばかりで、実際問題、内航海運業者でも大手の事業者だけが実践できる対策であることは想像に難くない」とし、「女性の活躍推進は人員不足の解消につながることも否定できないが、特殊な業種とも言える「内航海運」においては、「女性雇用」を「人員不足」の解決策とするには限界がある」としている[13]。また、「内航海運では、船員は「日本人」であることは言うまでもなく、さらに「男性」であることが常識中の常識のようになっていると言っても過言ではなく、「ダイバシティ」とは真反対の只中にいるのだ」とし、「内航海運の零細船社にとっての「人員不足」とは、ただ単に人を雇い入れることで解

12 女性船員の確保に向けた女性の視点による検討会：『女性船員の活躍促進に向けた女性の視点による提案』，pp.5-6，2018年4月

13 石田依子：「内航海運業界の男女共同参画推進は可能か？ ～国土交通省による「女性船員の活躍促進に向けた女性の視点による検討会」」，『NAVIGATION』，第208号，pp.59-69，2019年4月

消できる「数」の問題ではなく、経時的・文化的・法的な側面でさまざまな問題が複雑に絡み合った問題であろう」としている。

そして、最後に女性船員の活躍は、「快適な労働環境を構築することが可能な大手事業者」という「注釈付き」であるとし、「我が国の内航海運業界全体としては、「男女共同参画推進」の問題と「人員不足解消」の問題は切り離して考えるべきなのである」としている。

5.3.6 総トン数500トン未満の船舶における船員の確保・育成策

総トン数 500 トン未満の貨物船は、運航に必要な乗組員数に近い船員室数（乗組員の部屋と乗組員が交代する時に使用する部屋がある程度）しか設置していないものが多いため、新人船員を乗り組ませて育成する場合などは、新たに船員室を増やす必要がある。しかし、これら船員室増等の居住区改善に伴い、船舶が総トン数 500 トン以上となった場合、船員配乗や安全基準等の規制レベルが厳しくなることから、内航海運業者が、船員育成のための船員室増に踏み切れない状況にあった。このため、内航未来創造プランは、総トン数 500 トン未満の貨物船において、船員の確保・育成のために居住区域を拡大（船員室増）した場合に、総トン数 500 トン以上となった船舶に対しても総トン数 500 トン未満の基準を適用するため具体的な検討を行う必要があるとした。

これを受け国土交通省は、上記に関する必要な議論を重ね、2018（平成30）年 8 月、船員の育成及び確保に資することを目的として船員室を設け、これにより総トン数 500 トン以上 510 トン未満となった船舶については、船員配乗基準及び一部の船舶安全基準について総トン数 500 トン未満の船舶と同様の基準を適用することとした。また、この適用を受ける船舶を、「船員育成船舶」と名付けた。さらに、国土交通省は、2019（平成31）年 4 月 26 日に「内航海運業法施行規則」、「港湾運送事業法施行規則」、「港湾運送事業報告規則」、「港則法施行規則」の一部改正を行い、また、2019（令和元）年 6 月 5 日に船内荷役に関する労働安全衛生規則の一部改正を実施した（表5.13）。

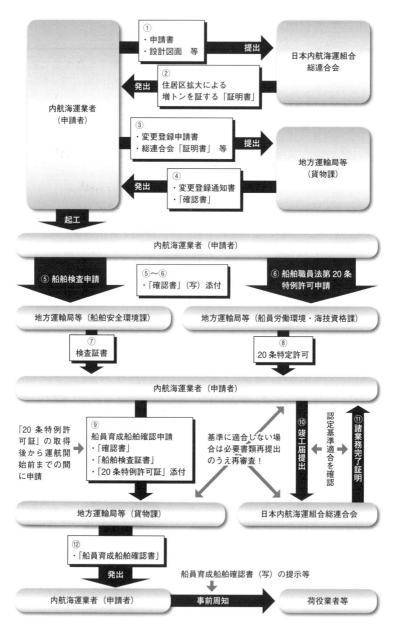

出典：日本内航海運組合総連合会『船員育成船舶認定に係る手続き書』（2019年6月）作成

図5.18 「船員育成船舶」認定に係る手続きの流れ（イメージ）

表5.13　政省令の改正概要

政省令	改正概要
内航海運業法施行規則	船員育成船舶を外見的に判別できるよう、「内航船舶の表示」を改正。
港湾運送事業法施行規則	500トン未満の船舶のみ貨物の積卸しを行える沿岸荷役事業の範囲に限定した港湾荷役事業の許可を受けた港運事業者が、船員育成船舶の貨物の積卸しを扱えるように改正。
港湾運送事業報告規則	報告様式の「沿岸荷役実績」に船員育成船舶の荷役を含むように改正。
港則法施行規則	びょう泊や水路の航行等の交通ルールについて、500トン未満の船舶と同様の基準を適用できるように改正。
労働安全衛生法施行令・労働安全衛生規則	船内荷役作業主任者の選任が必要な船舶の範囲について、500トン未満の船舶と同様の基準を適用できるように改正。

出典：国土交通省海事局作成資料[14]

　これにより、「船内育成船舶」に対する特例措置の適用に関する法制度が整備され、法令改正により対象が港運関係、港における停泊や入出港に係る海上交通ルール関係にまで拡大したことで、「船員育成船舶」の取扱いがより実効性の高い制度になったため、日本内航海運組合総連合会は、同制度を促進するための一助として、「船員育成船舶」の認定を受けるための「手引き書」を発表した。

　その概要は、図5.18に示すとおりである。

5.3.7　船舶の燃料油に含まれる硫黄分の濃度規制への対応

(1)　SOx 規制強化の概要

　船舶の機関等から排出される排気ガス中に含まれている SOx（硫黄酸化物）及び PM（粒子状物質）を人間が吸い込むと、肺がん、心疾患、小児喘息などの健康上の被害が生じる恐れがある。船舶の排気ガス中の SOx 及び PM の発生は、燃料油に含まれる硫黄分の量に依存する。このため、国際海事機関（International Maritime Organization：IMO）は、燃料油中に含まれている硫黄分の濃度の上限（%）を海洋汚染防止条約（MALPOL 条約：International Convention for the Prevention of Pollution from Ships, 1973, as modified by the Protocol of 1978 relating thereto）において規制している（以下、SOx 規制という）。

---

14 国土交通省海事局：『内航海運の安定的輸送の確保及び生産性向上に係る取組について』,オンライン，https://www.mlit.go.jp/common/001318369.pdf，p19，2019年11月26日参照

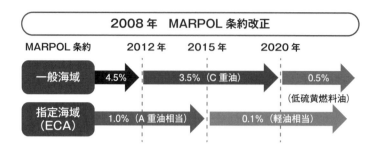

出典：経済産業省・国土国通省作成資料[15][16]

図5.19　MARPOL条約改正のイメージ

　2016（平成 28）年 10 月に開催された国際海事機関（IMO）の海洋環境保護委員会では、2020 年 1 月 1 日に船舶の燃料油に含まれる硫黄分濃度の基準をそれまでの 3.5% 以下という規制値から 0.5% 以下まで引き下げるとする海洋汚染防止条約の規制強化（以下、SOx 規制強化という）をすると決定した。

　このため、国土交通省は、2017（平成 29）年 3 月に石油業界、海運業界、関係省庁等、官民連携の連絡調整会議を設置し、規制に適合する低硫黄燃料油の需給調査や規制への円滑な対応に向けた対策の方向性をとりまとめ、各種対策に取り組んできた。

(2)　SOx 規制強化への対応方法

　2020（令和 2）年以降の SOx 規制に関しては、基本的には、その規制に適合する「規制適合油」（以下、SOx 規制適合油という）を使用すること、硫黄分が含まれない LNG（液化天然ガス）燃料等への転換がある。また、その他の対応方法として、適合しない燃料油（0.5 質量 % 以上の硫黄分を含む燃料）を機関で使用するが、排気ガスをスクラバー（排ガス洗浄装置）で処理した上で排出するという方法がある。

---

15 経済産業省・国土国通省：第1回燃料油環境規制対応連絡調整会議，資料2，『SOx規制の概要と3つの手段』，2017年
16 ECA（Emission Control Area）：一般海域よりも厳しい規制が設けられている特別海域。

手段1 燃料油	手段2 スクラバー	手段3 LNG
	従来のC重油を使い、船上で排ガスを脱硫	LNG燃料は、SOxゼロPMやNOx,CO₂も同時に削減 
低硫黄燃料油について ・需要に見合う供給量が確保できるか ・品質のあり方について検討が必要 ・需給両面の対策コストや国内外の市場の動向等により影響を受ける価格について、見通しが立ちにくい	・燃料費は安いが、装置に数億円かかる ・装置が大型・重量物であるため、機関室や貨物室のスペース、復原性に影響を与える可能性 ・現存船に搭載する場合には工期の課題がある	・LNG燃料船の価格が高い（従来船の1.2～1.5倍） ・システムが大きく異なることから、事実上新造船に限られる ・陸側のLNG燃料供給インフラの整備はこれから

出典：経済産業省・国土国通省作成資料

図5.20 SOx規制強化への対応のための３つの手段

(3) SOx 規制適合油への対応

2020（令和2）年以降のSOx規制強化に対する内航海運業界の最も大きな関心は、SOx規制適合油であった。これは、2020（令和2）年より前にC重油を使用していた事業者が、船舶設備をほとんど改造することなく燃料の種類を変えるだけで対応できるためであった。しかし、内航海運業界からは、硫黄分が3.5質量％以下（High Sulfur：高硫黄）のC重油（HSC重油という）から硫黄分0.5質量％以下（Low Sulfur：低硫黄）のC重油（LSC重油という）へ切り換えた場合、船舶の内燃機関やボイラーなど（ポンプ等の補機類も含む）に影響が生じないのかといった技術的なことと、LSC重油が十分に供給されるのか又LSC重油の販売価格はどうなるのかなどの供給面について懸念されていた。

技術的な面に関しては、2019（令和元）年10月、国土交通省が『2020年SOx規制適合舶用燃料油 使用手引書(第2版)』(以下、SOx適合油手引書という)を発表し、供給面に関しては、2019（令和元）年9月に『内航海運事業における燃料サーチャージ等ガイドライン』を発表した。

(4) LSC重油導入に関する注意点

LSC重油導入に関する注意点については、前述のとおり、SOx適合油手引書が発表され、国土交通省のホームページよりダウンロードが可能であるため、

ここで詳しく述べることはしないが、著者自身の現場経験を基に技術的な話をしておくこととする。

今回、HSC 重油から LSC 重油への切り換えを行う際に主に注目されていたのは、「混合安定性」「硫黄分の低下」、「動粘度の低下」、「流動点の上昇」の4つであった。

1)　混合安定性

混合安定性とは、2 種類以上の重油を混合する場合，あるいは残渣油を低粘度油で希釈して重油を調整する場合に、スラッジの含有量もしくは種々の安定性が各成分単独の場合よりも悪くなる程度を示すものである。

国土交通省が実際の船舶を対象に行った実船トライアルに使用した LSC 重油については、タンク内残油の HSC 重油及び A 重油との混合に関して、3 種類の混合比で混合した重油に対するスポットテストを実施し、いずれの場合においても混合安定性が確保されていた（図 5.21 参照，No.3 以上でスラッジが過剰と判断される）との結果が得られている。

しかし、これは少量のサンプルを用いたスポットテストであり、実際に新しく適合油を補油する場合は、できる限り補油前の残油量を減らし、スラッジの発生を予防しなければならない。なお、小型内航船においては、燃料タンクの容量が小さく、燃料タンクの数が少なく、不定期船がほとんどであることから、燃料の混合を避けることができないことを考慮した管理が必要である。

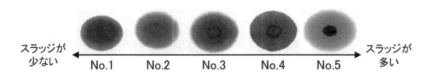

出典：『2020年SOx規制適合舶用燃料油 使用手引書（第 2 版）』（国土交通省 海事局）

図5.21　スポットテスト結果とスポットNo.のイメージ

2) 硫黄分の低下

　小型内航船で多く使用されているトランクピストン形4サイクルディー
ゼル機関においては、燃料の燃焼によって生成された硫黄酸化物による硫
酸腐食を防ぐ（中和する）ため、システム油（潤滑油）内にアルカリ性の
添加物が含まれている。このため、硫黄分が低下したにも関わらず、同じ
アルカリ成分を含んだ潤滑油を使用し続けると、アルカリ性の添加物とし
て使用されていたカルシウムが余剰となり、硬質の酸化カルシウムとして
ピストンリング溝やピストン頂部に付着し、シリンダーライナーの摩耗を
引き起こすなどの原因となる。このため、LSC重油に切り換えるタイミ
ングで、アルカリ価の低い潤滑油に切換えていく必要がある。

　この不具合に関しては、直ぐに現れるものではないため、今後、経過観
察が必要と考えられる。入渠等で船舶のディーゼル機関を開放した際には、
ピストンへの酸化カルシウムの付着、ピストンリング・リング溝・シリンダー
ライナーの摩耗状態など、今まで以上に細かく確認する必要がある。

　なお、一部のトランクピストン形4サイクルディーゼル機関におい
ては、シリンダー油を独立してシリンダー内に注油しているものもあ
り、このような機関については、各メーカーと相談の上、シリンダー
油の種類の決定（アルカリ性の添加物の少ないもの）、シリンダー油注
油率の変更を行う必要がある。

3) 動粘度の低下

　ディーゼル機関は、燃焼室内に燃料が適切な動粘度で噴射されない場
合には燃焼状態が悪くなる。このため、機関士は、それぞれの機関メー
カーの推奨する動粘度となる様に、機関に送られる燃料の入口温度を調
整している。従来使用していたHSC重油の場合、燃料油の加熱温度を
120℃前後とし、機関の入口における燃料の動粘度を12cSt前後に保っ
ていた。現在の所、日本国内で供給されるLSC重油の動粘度は、50℃に
おいて20cSt以上となるよう供給元に要求している。燃料油は、その特
性上、加熱すると動粘度が低下することから、LSC重油を使用した場合
には、燃料油入口温度は、当然のことながら低くなる。この動粘度を機
関メーカーの推奨する値を守った場合、従来していたHSC重油よりも

LSC 重油の加熱温度を低くしなければならないはずである。

　しかし、SOx 適合油手引書によれば、LSC 重油の使用により燃料油温度が低いことによって、一部のディーゼル機関において燃料噴射弁のノズルチップ付近が過冷却となり硫酸腐食が発生することが懸念されているため、当該機関においては、HSC 重油と同様の加熱温度（120℃前後）まで加熱する必要があるとされている。

　また、これまで、HSC 重油を使用していた船舶においては、C 重油の加熱温度を 120℃前後としていたため、LSC 重油の加熱温度（60℃前後が想定されている）にする場合には、現在取り付けられている燃料加熱器及び燃料粘度調節器の制御設定変更を行わなければならず、取り付けられている機器によっては制御範囲を外れる可能性がある。このため、制御範囲を外れる機器が取り付けられている場合には、改造若しくは、機器の取替えが必要となる。

さらに、SOx 適合油手引書に示されている実船トライアルに使用された HSC 重油及び LSC 重油の『動粘度 - 温度線図』を見ると、注意しなければならない点が見えてくる。図 5.22 は、SOx 適合油手引書に示されている実船トライアルに使用された HSC 重油及び LSC 重油の『動粘度 - 温度線図』に筆者が加筆したものである。例えば、燃料油の動粘度を 20cSt に制御しようとすると、LSC 重油の場合は、約 36℃から約 68℃までの範囲（32℃）で温度を調節する必要が

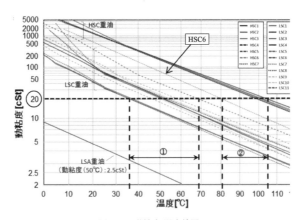

図5.22　動粘度-温度線図

ある（図中①）。一方、HSC 重油の場合は、約 81℃ から約 115℃ までの範囲（24℃）で温度を調整する必要がある（図中②）。仮に、HSC6 が特殊な事例であった場合、HSC 重油の温度調整範囲は、さらに狭くなることとなる。

つまり、国土交通省が、実船トライアルに使用した LSC 重油は、HSC 重油と比べてその性状の範囲が広いため、温度調整の範囲も広く、適正な動粘度を保つためには、それぞれの特性を十分理解した上で取り扱う必要がある。

しかし、内航船において、日本国内における実際の補油現場では、補給される燃料油の性状表を提供されることはほとんどない。このため、燃料油の性状表が入手できない場合は、燃料油供給ポンプや燃料油循環ポンプなどの圧力に注意し、適正な動粘度を保つ必要がある。つまり、動粘度を計測する装置が設備されていない船舶においては、動粘度の調整を機関士の経験と勘に頼らざるを得ないこととなる。

4）流動点の上昇

C 重油は、温度を下げていくとワックス分が析出してゲル状になり、流動しなくなる。この流動しなくなる温度について、一定の試験法で定めた温度のことを流動点という。日本国内で供給される LSC 重油は、流動点が従来の HSC 重油の 10℃ 以下という実勢値よりも 20℃ も高い 30℃ 以下という規格で提供される見込みであった。

このことによる不具合は、寒冷地や冬期において、粘度が高過ぎることによって船体付きの燃料油タンクから機関室内の燃料油タンクへ移送できない可能性があることである。通常、船体付きの燃料タンクは、何らかの熱源（蒸気や熱媒など）により加熱されることとなっており、適正な加熱を行っていれば移送上は問題ない。

しかし、小型内航船などで補助ボイラーを装備してない船舶は、主機関や発電機の冷却水の熱を利用して燃料タンクを加熱するような構造となっており、停泊中、主機関が停止している際には、燃料タンクの加熱が十分にできない可能性がある。このため、寒冷地において長時間停泊した場合は、船体付きの燃料タンク内の LSC 重油が冷え、流動点以下となり、移送ポンプによって移送できなくなり、再び移送できるようになるまで、主機関の始動から時間を掛けて再加熱する必要がある。

5) その他（LSC重油を初めて補油する際の注意）

　HSC 重油から LSC 重油への切替えの際、最も注意が必要なのは、HSC 重油が貯蔵されていたタンクの壁面に付着又は底部に溜まっているスラッジ分が LSC 重油に入ってくることにより、LSC 重油内に混合されることである。

　C 重油のセットリングタンクや、サービスタンクの掃除をする程度であれば、タンク容量が小さい為、乗組員による掃除ができないこともないが（スラッジの処理の陸揚げ処理には問題がある）、船体付きの燃料タンク内の掃除を運航中に行うことは、スケジュール上現実的ではない。このため、LSC 重油への切替えの際には、貯蔵タンクの掃除を行わず、LSC 重油を補油することになると考えられる。そのことにより、タンク底に沈殿していたスラッジ分が LSC 重油内に混入するため、補油後の燃料の移送時には、ストレーナー（こしき）の詰まりに注意しなければならない。C 重油移送ポンプの発停回数にもよるが、C 重油移送ポンプ使用時のポンプ吸入圧及び C 重油移送ポンプのモーターの過電流にも、注意が必要である。さらに、補油時には、ストレーナー等の詰まりが生じないとしても、荒天時等に船体の揺れが激しくなった際にタンクの底に沈殿していたスラッジ分が混ざる恐れがあるので注意する必要がある。その際には、燃料移送ポンプのストレーナー等の掃除の間隔を短くするなどの措置が必要である。

　なお、このことは LSC 重油を使用する船舶側だけの問題ではなく、LSC を提供するバンカーバージや陸上のタンクにおいても同様にスラッジ分の混合が起こる可能性がある。

　いずれにせよ、LSC 重油を使用する船舶においては、ストレーナー等の詰まりに注意する必要がある。

写真5.2　燃料移送ポンプとストレーナー

内航海運の安定的輸送に向けた新たな針路

　前章では、内航未来創造プランの内容を要約して、2019（令和元）年6月現在の進捗状況を掲載すると共に、進捗のあった施策をいくつか紹介した。本章では、内航未来創造プラン公表後に検討が開始され、内航海運業界において大きな関心事項である内航船員の働き方改革と、暫定措置事業終了後の内航海運業界の方向性について説明する。

　なお、船員の働き方改革[1]については、交通政策審議会 海事分科会 船員部会（以下、船員部会という）において、「労働環境の改善」と「健全な船内環境づくり」の2つの論点について検討が行われていたが、「健全な船内環境づくり」に関しては、途中から別途検討会（船員の健康確保に関する検討会）が立ち上げられ、医療の専門家も交えた詳細な検討を行った後、検討結果が船員部会へ上申される予定であった。しかし、新型コロナウイルス感染拡大による議論の遅れによって、先に船員部会のとりまとめが示されることとなった。このため、「船員の健康確保」については、「内航船員の働き方改革」の説明には含めず、別途説明を行う。

6.1　内航船員の働き方改革

6.1.1　背景と議論の概要

　内航船員の働き方改革の必要性については、2018（平成30）年12月に開催された船員部会の中で、『各委員へのお願い（内航船員の働き方について）』という資料が示され提起された。その資料の内容を抜粋し要約すると「内航船員の働き方改革」の背景は、「①他の業界では、"罰則付きの時間外労働の上限規制"について、スピードと実行性ある形での「働き方改革」が進められている。」、「②内航海運の船員不足を解消するには若年層にとって魅力的職場にする必要があ

---

1 内航船員の働き方改革について、当初は、「内航船員の働き方改革」として「内航」の文字が入れられていたが、とりまとめの段階では、「船員の働き方改革」とされ「内航」の文字が除かれている。

る。」ことから、労働界と産業界がともに危機感を共有し、陸上職における取り組みも参考にしつつ、働く人＝内航船員の視点に立った「働き方改革」に関する具体的な議論を進める必要があるというものである。

　なお、ここでいう「内航船員」とは、内航貨物船だけでなく、内航旅客船の船員を含めたものである。

6.1.2　船員の労働環境等に関する課題

　船員部会は、船員の働き方改革の実現を目指していくにあたり、職住一体である船内において船員が実際にどのような働き方・生活をしているのかを的確に把握し、整理・分析のうえ、「見える化」することが不可欠であるとした。このため、特に労働環境が厳しいとされる内航船員の労働実態把握を目的とした調査を実施した。

内航船内の業務実態調査の概要

　平成29年度に開催された「後継者確保に向けた内航船の乗組みのあり方等に関する検討会」において実施された業務実態調査について、内航船員の労働実態を把握する観点から再集計・整理を実施した。

　＜主な調査結果＞

● 内航貨物船員の月間総労働時間は238.06時間であり、他の分野（建設業：180.3時間、運輸業・郵便業：187.6時間）に比べて総実労働時間が長い傾向にある。これは、休日がない連続労働によるものと考えられる。

● 1日あたりの労働時間が14時間を超えた船員が発生した船舶の割合は、貨物船（35.3％）に比べてタンカー（66.7％）の方が高いなど、長時間労働の発生状況について船種によって違いが見られる。

● 1日あたりの労働時間が14時間を超える船員と14時間以内に収まる船員との間で、作業区分別の労働時間を比較したところ、貨物船とタンカーともに、荷役作業と労働時間の長さに相関関係が見られた。なお、荷役作業を除いた労働時間にはさほど大きな差は見られなかった。

出典：『船員の働き方改革の実現に向けて』[2]より転載

---

2 交通政策審議会 海事分科会 船員部会：『船員の働き方改革の実現に向けて』,オンライン,http://www.mlit.go.jp/maritime/content/001363582.pdf,2020年10月24日参照

表6.1　内航船内の業務実態調査（月間総労働時間）

	総実労働時間	所定内	所定外	労働日
内航船員（287 人）	238.06 時間	209.85 時間	28.21 時間	29.86 日
一般労働者 計	170.9　時間	156.0　時間	14.9　時間	20.4　日
建設業	180.3　時間	164.9　時間	15.4　時間	21.8　日
運輸業，郵便業	187.6　時間	159.7　時間	27.9　時間	20.9　日

出典：第127回 船員部会 資料1-5[3]より作成

船内の労働時間管理の実態等に関するアンケート調査（平成30年度）

　船員の労働時間管理の実態について事業者・船員それぞれに対してアンケート調査を実施した。（回答事業者数は139事業者（内航貨物船事業者132者、内航旅客船事業者7者）、回答船員数は268名）

＜主な調査結果＞

● 船員の労働時間を陸上の労務管理部門等で「把握している」と回答した事業者は96％で、その把握の頻度は「毎月」との回答が75％と最も多かった。また、労働時間の把握方法としては、「船内記録簿等の帳簿」との回答が84％と最も多かった。

● 時間外労働等の割増手当を計算していないとの回答が47％と約半数を占め、そのうち86％がみなし残業手当（固定残業代）を支払っているとの回答であった。

● 92％の事業者が船員の労働を適切に管理する必要があると回答しており、大半の事業者が適切な労務管理の必要性を感じているが、そのうち、労働時間を記録するための機器については、「導入していない」と回答した事業者が99％とほとんどを占めた。（船内でパソコンやタブレットを利用し、船内記録簿等を作成、管理・保管している事業者は複数社あった。）

● 労働時間等の管理が可能な機器やソフトウェアの導入について、約4割の事業者が前向きな回答であった。

出典：『船員の働き方改革の実現に向けて』より転載

---

3 国土交通省：『（参考資料）船員の働き方・生活の現状』,オンライン,http://www.mlit.go.jp/maritime/policy/shinrikai/content/001361950.pdf,2020年9月24日参照

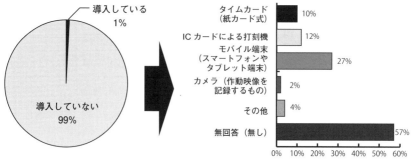

【労働時間を記録するために
　船内に導入している機器はあるか】

導入している 1%
導入していない 99%

【労務管理のために導入してもよい機器】
（複数回答可）

- タイムカード（紙カード式）　10%
- IC カードによる打刻機　12%
- モバイル端末（スマートフォンやタブレット端末）　27%
- カメラ（作動映像を記録するもの）　2%
- その他　4%
- 無回答（無し）　57%

出典：第127回 船員部会 資料1-5より作成

図 6.1　船内の労働時間管理の実態等に関するアンケート調査

船内記録簿の実態調査（平成31年度）

　船内に備え置かれている船内記録簿について、平成30年12月分〜平成31年2月分の記録結果を調査した。（全43隻分（貨物船29隻、タンカー14隻）の船内記録簿を調査）

＜主な調査結果＞

● 船内記録簿の記載方法に関する結果は次のとおり

✔ 何も記載されていない欄があるなど、必要な事項が記載されていない記録簿が散見される。

✔ 不定期船において全乗組員の労働時間が一律8時間になっているなど、事実が正確に記載されていない可能性がある記録簿が見受けられる。

✔ 手書きの記録簿が多数を占める。

● 船内記録簿の書式に関する結果は次のとおり

✔ 古いモデル様式を依然使用しているケースが見受けられるなど、使用する書式が船ごとに異なる。

✔ 現行の紙書式では、日をまたいで労働した場合などに、労働時間の計算に手間を要する。

出典：『船員の働き方改革の実現に向けて』より転載

スマートフォンを活用した船内生活に関する調査（令和元年度）

　内航船員本人が保有するスマートフォンから調査用Ｗｅｂサイトにアクセスし、船内活動について労働時間や休息時間の区分、活動種別を時間単位で本人に入力してもらい、２週間以上の連続した船内活動の回答があった９名分の回答結果を分析した。

　なお、本調査においては、記入者の活動内容をどの活動種別に区分するかについては、記入者本人の判断に委ねており、居住区の清掃や片付け、手待ち時間など、活動種別の選択肢が明示されていないものについては、記入者によってまちまちな活動種別で回答されている可能性等がある。

　また、記入内容を監査や行政指導の根拠としないことを前提として調査を実施している。

＜主な調査結果＞

● 全体を通じて、労働時間の長さは「荷役」のあり方と深く関係している。荷役の頻度が高い場合や、１回当たりの荷役時間が長い場合は、おしなべて労働時間が長時間に及んでいる。

● なかでも、「運航（当直）→入港→出港→運航（当直）」という、荷物の運送のために行われる一連の作業が連続して行われる場合には、１日当たりの労働時間が上限である14時間を超過することもあるなど、特に労働時間が長時間に及ぶ要因となっている。

● 仮バース（一定時間連続した着岸、上陸）が週に１回程度確保されている場合には、１週間当たりの労働時間が、上限である72時間の範囲内におさまるケースが多い。

● 朝方に入港し、ただちに荷役が行われるケースが一般的であるため、「０時－４時」、「２時－６時」、「４時－８時」等の当直シフトに入る船員については、早朝から夕方までの連続労働や細切れ睡眠など、厳しい環境下にあることに特に留意が必要である。

● 当直や荷役等の定型的な業務以外の活動（「その他」で回答されたもの）には、仮眠や入浴の他に、居住区の清掃や片付け、会議、研修などがあった。

出典：『船員の働き方改革の実現に向けて』より転載

第6章 **内航海運の安定的輸送に向けた新たな針路**

海技教育機構卒業後の動向（平成27 年度）

　独立行政法人海技教育機構が、卒業生へのアンケート票を作成し、海上技術学校・海上技術短期大学校の平成21、23、25年の３月卒業生及び乗船実習科９月修了者の定着状況等を調査した。（調査対象者1,071名、回答者325名）

＜主な調査結果＞

● 海上技術学校・海上技術短期大学校の卒業後の定着状況は、厚生労働省調べの新規学卒就職者の卒業後３年までの離職率とほぼ同じ傾向を示している。
　また、卒業後３年と５年の在職率にさほど差がないことから、３年を過ぎればその会社に落ち着く傾向が伺える。

● 平成23年度に実施した調査の結果と比較すると、他の船社に転職する割合が高くなっている。また、陸上職への転職及び無職の割合が高くなっている。

● 一方、卒業後３年、５年の者でも、海上技術学校の卒業生で８割、海上技術短期大学校では９割の者が、船員を続けている。

● 転職者96名の転職理由（複数回答可）は、「人間関係がうまくいかなかった」が45 名と最も多く、「休暇が十分に取れず、毎回長期乗船となる」（28名）、「時間外労働が多かった」（27名）など就職先の労働環境の厳しさを理由とする回答も多かった。

出典：『船員の働き方改革の実現に向けて』より転載

海に関する海事関係学生意識調査（平成29 年度）

　公益財団法人日本海事センターが、海事関係の大学等の在学生（東京海洋大学242名、神戸大学366名、東海大学74名、宮古海上技術短期大学校43名、清水海上技術短期大学校110名、波方海上技術短期大学校171名）を対象に「海に関する海事関係学生意識調査」を実施した。

＜主な調査結果＞

● 船員検討のために事前に知りたいことは、船員としての業務内容より「労働時間や休日・休暇（乗下船）等の雇用形態」「給与・福利厚生」などに関心が高い。一方、女性は人生の節目の際の陸転や休暇取得の情報を求めている。

● 入社試験受験にあたって事前に知りたい・確認したいことは、「労働時間や休日・休暇（乗下船）等の雇用形態」、「給与・福利厚生等の待遇面」、「海上勤務及び陸上勤務の業務内容」の３項目が７割を超えており、業務内容より

ワークライフバランスや待遇面への関心が高い。

● 企業に期待することとしては、「給与・福利厚生」、「労働時間・休日・休暇」への関心が特に高い。

● 船員として就職した場合、不安に感じることとしては、船員としての技術的な面よりも人間関係、安全性（事故・災害・病気）、海上勤務における家族との関係や結婚生活などに関するものが多い。

出典：『船員の働き方改革の実現に向けて』より転載

6.1.3　船員部会のとりまとめ（船員の働き方改革の実現に向けて）

　新型コロナウイルスの感染拡大により議論が遅れたものの2020（令和2）年8月の船員部会において、『船員の働き方改革の実現に向けて（案）』（以下、船員の働き方改革とりまとめ）が提示された。その後、2020（令和2）年9月24日、『船員の働き方改革の実現に向けて』[4] と『船員の働き方改革の実現に向けて（概要）』[5] が公表された。

　以下、船員部会で審議されていた「船員の労働環境の改善」及び「船員の働き方改革の実現に向けた環境整備」について今後の方向性を示す。

---

4 交通政策審議会 海事分科会 船員部会：『船員の働き方改革の実現に向けて』,オンライン,http://www.mlit.go.jp/maritime/content/001363582.pdf,2020年10月24日参照
5 国土交通省：『船員の働き方改革の実現に向けて（概要）』,オンライン,http://www.mlit.go.jp/maritime/content/001363581.pdf,2020年10月24日参照

1．船員の労働環境の改善

（1）労働時間の範囲の明確化・見直し

（2）労働時間管理の適正化

（3）休暇取得のあり方

（4）多様な働き方の実現

2．船員の健康確保

（1）医学的な見地から健康確保をサポートする仕組みづくり

（2）情報通信技術の活用による船内健康確保の実現

（3）船員の特殊性を踏まえたメンタルヘルス対策のあり方

（4）労働安全衛生確保としての健康診断の位置付け

（5）生活習慣の改善による健康増進対策

3．船員の働き方改革の実現に向けた環境整備

（1）船員の働き方改革の実効性の確保

（2）適正な就業機会の確保等

（3）雇入契約に係る手続きの負担軽減

出典：『船員の働き方改革の実現に向けて』より転載
図 6.2　船員の働き方改革の実現に向けた論点

（1）　船員の労働環境の改善

1）　労働時間の範囲の明確化・見直し

（ア）　労働時間の範囲の明確化

　陸上労働者については、業務そのものを行っている時間はもちろんのこと、それ以外の時間についても、使用者の指揮命令下に置かれているかどうかによって、労働時間への該当性が区分されている。他方、船員は、陸上から離隔し船舶という限られた空間で、船長や海員が24時間共同で生活・労働する特殊な環境下にあり、陸上労働者における労働時間の定義だけでは労働時間への該当性が判然としない、または実情にそぐわないケースも存在する。

　このため、より適正な労務管理を推進していくために、陸上における労働

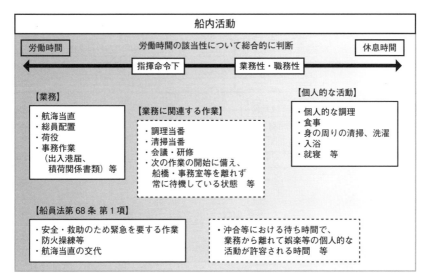

図 6.3 船内活動の労働時間への該当性の整理（イメージ）

時間の考え方を参考としつつ、こうした海上労働の特殊性も勘案し、ガイドラインの作成等を通じて、船員の「労働時間」の範囲の明確化を図っていく。

（イ）　労働時間制度上の例外的な取扱いの見直し

　船員法において、船内における作業のうち、①「人命、船舶若しくは積荷の安全を図るため又は人命若しくは他の船舶を救助するため緊急を要する作業」（以下、安全・救助のための緊急作業という）、②「防火操練、救命艇操練その他これらに類似する作業」（以下、防火操練等という）、③「航海当直の通常の交代のために必要な作業」（以下、通常の航海当直の交代という）の３つの作業については、「労働時間」に該当するとされているものの、船員の1日当たりの所定労働時間（８時間）、労働時間の上限（１日当たり14時間、１週間当たり72時間）の対象から除外され、時間外労働に対する割増手当の支払いが免除されるなど、労働時間制度上例外的な取り扱いがなされている。

---

6 国土交通省：『労働時間の範囲の明確化、見直し』,オンライン,http://www.mlit.go.jp/policy/shingikai/content/001318056.pdf,2020年9月20日参照

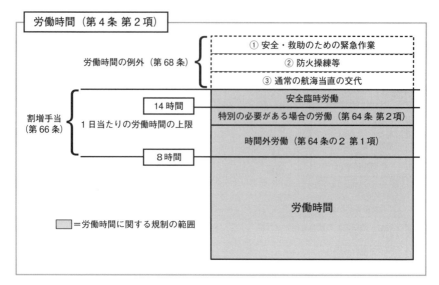

出典：交通政策審議会 海事分科会 第118回 船員部会 資料1-2より作成

図 6.4　船員法における労働時間区分のイメージ

　このうち、①安全・救助のための緊急作業については、不可抗力により発生し、使用者にとっても避けることのできない予期しない事態であり、陸上労働者においても他の労働とは異なる取扱いが認められている。しかし、陸上労働者においては、①と同様の作業について、対価の支払い義務が課されているものの、船員の場合は対価の支払いは求められていない。このため、船員の場合も、自船の安全を図るための作業が行われた場合については、使用者自身がその労働によって生み出された利益を享受することになる点に着目し、できる限り陸上労働者における取扱いとの均衡ある対応が使用者において行われることが望ましい。

　一方、②防火操練等、③通常の航海当直の交代については、①の作業と異なり不可抗力により生じるものではなく、陸上労働者においては同様の業務の例外的な取扱いは認められていない。②、③の作業については、通常業務の中で計画性をもって定期的に行われる作業であり、そもそもは労働時間に該当する作業である。このため、働き方改革の趣旨である「魅力ある職業の実現」、労働契約法において安全配慮義務規定が明文化されており長時間労働是正を含む労働者の心身の健康確保が使用者の重要な

責務であるとの認識が社会的に浸透してきていることなどから、労働時間制度上の例外的な取扱いを見直すことが適当である。これに対し、船員部会の使用者委員からは、②、③の作業の例外的な取扱いの見直しにより、1隻当たりの運航要員の増加等、実務に甚大な影響が生じ、却って安定的な輸送に支障が生じないかどうかを懸念する意見もあった。このため、船員の働き方改革と安定的な海上輸送の確保の双方の観点を踏まえ、②、③の作業については、対価の支払いを求めることとする一方、1日当たりの労働時間（8時間）の対象には引き続き算入しないことが適当だと考えられる。ただし、②、③の作業は運航スケジュールの中で計画的に行われ、また、船員部会の使用者委員から、③の作業は日々の運航スケジュールの中でごく短時間しか要しないといった意見もあったこと等を踏まえ、②、③の作業に要した時間についても労働時間の上限（1日当たり14時間、1週当たり72時間）の対象とすることが適当である。

さらに、②、③の作業についての労働時間制度上の例外的な取扱いを見直し、対価（割増手当）の支払いを正確に行うに当たり、労働時間をきめ細かく記録でき、当該作業についての対価の正確な支払いを可能とするよう、船内記録簿のモデル様式等についても見直しが必要である。

なお、こうした船内における作業の労働時間制度上の例外的な取扱いの見直しについて、使用者委員より、実務への影響や荷主・オペレーターの理解などの観点から十分な猶予期間を設ける必要性について意見があったことを踏まえ、急激な変化による実務上の弊害を避けるため、また、荷主・オペレーターの理解の促進等のために必要な準備期間（猶予期間）を設けることについても考慮が必要である。

2) 労働時間管理の適正化

(ア) 労働時間の記録様式の見直し、電子化・システム化

労働時間を正確に記録することは、長時間労働の予防・是正や使用者が労働の対価として給料その他の報酬（割増手当など）を支払う前提として不可欠である。このため、各船員の労働時間は、船長が紙媒体の記録簿（船内記録簿）に記録し、船内に備え置き、管理することとされている。しかし、船内記録簿の実態調査の結果（180ページ）では、日や月の切れ目を含む場合、

労働時間の計算や把握が容易ではなかったり、船長によって適切な記載がなされていない事例等が見受けられた。また、船内の労働時間管理の実態等に関するアンケート調査の結果（179ページ）では、船員の労働時間を適正に記録するため船内に機器を導入している事業者はほぼおらず、労働時間を正確に把握・記録するための取組の必要性が明らかになった。

このため、こうした労働時間の記録内容の正確性の向上や、記録作業に係る負担軽減、法令遵守状況の可視化、陸上の事務所との共有の容易化等の観点から、船内記録簿のモデル様式についての見直しや、他業種における取組も参考にしつつソフトウェアやシステムを活用した労働時間の記録方法の業界としての導入可能性について検討を行っていくべきある。

（イ）　船員の労働時間の管理に関する使用者の責務

船員法において、船員の労働時間の管理についての使用者の責務は必ずしも明確になっていない。陸上労働者においては、労働時間を適切に管理する責務を使用者が負っていることがガイドライン等によって明らかにされており、また、働き方改革関連法により改正された労働安全衛生法において、長時間労働者への医師による面接指導を実施するため、事業者が「労働者の労働時間の状況を把握しなければならない」ことが明示されている。このため、使用者による適正な労務管理を推進するため、船員の労働時間についても、陸上と同様に、適切に管理する責務が使用者にあることを明確にすべきである。

また、現行制度では、船長が船員の労働時間等を記録し船内に備え置くこととされ、使用者は乗船期間中の状況からは把握できない事項に限って記録し陸上の事務所に備え置くこととされている。これに対しては船員の労働時間等の記録を、使用者の下で記録を保存・管理することとし、使用者の下での一元的な労務管理を推進する。なお、船内への記録簿の備置き等については、国際条約との一覧性の確保を図るために必要な範囲において、引き続き行うこととすることが適当である。

（ウ）　適正な労務管理を実現するための体制

使用者による適正な労務管理の推進を図るためには、労務管理を行う

陸上の事務所の体制整備も重要である。例えば、建設や港湾労働といった他分野では、労務管理に関する事項が適正に処理されることについて責任をもって管理する者として「雇用管理（責任）者」を事業所ごとに選任することを事業主に求めている。また、他分野では、この「雇用管理（責任）者」を対象とした研修等が実施されており、こうした取組は使用者における適正な労務管理に向けた理解促進や意識啓発、自主的な取組の促進等の効果が期待できる。

そこで船員の労務管理についても、他分野の例を参考に、陸上の事務所において責任をもつ者として「労務管理責任者（仮称)」を選任することを検討する。なお、「労務管理責任者（仮称)」の選任に当たり、中小企業事業者が大宗を占める建設、港湾労働分野の例に倣い、まずは特定の資格の取得や試験の受験等の特段の選任要件は設けないこととすることが適当である。

3) 休暇取得のあり方

(ア) 基準労働期間の取扱い

船員は、基準労働期間や補償休日制度といった陸上労働者とは異なる独自の制度により海上における連続乗船・勤務が可能とされている。その上で、各船舶における連続乗船・勤務の具体的な期間は、労使間の合意によって決められ、法令では、労働者保護の観点から、基準労働期間等を通じて労使間の合意によっても超えられない最低基準としての最長連続乗船期間を設定している。

これに対しては、法令により定める基準労働期間等について、見直しを通じた一律的な連続乗船期間の短縮といった方法が労使間の合意を尊重する基準労働期間の設定の考え方にそぐわず、また、乗船期間の硬直化を招き、さまざまな働き方の中から自分にあった働き方を選択できるような働き方の多様性を損なうおそれがあることなどから、現行の取扱いを維持することが適当である。

(イ) 各事業者等による積極的な取組の促進

法令により定める基準労働期間等の見直しを通じた連続乗船期間の短縮を一律的に行わないとすれば、今日の若者等の志向に沿うような短期乗

船サイクルの設定や船員個々人の意向に沿った計画的な休日の取得など
は、各事業者による積極的な取組により実現する他ない。よって、このよ
うな事業者による積極的な取組を促進する環境整備が必要である。

　例えば、雇入契約書では、下船時期が明確に記載されておらず「不定」
として記載されることがあり、雇入契約の成立等の届出についても、下
船時期が明示されないまま地方運輸局等に届け出られることがあるため、
遵守の徹底を図る必要があるといった意見もあり、計画的な休日の取得
等を推進するためには、雇入契約書等において下船時期等を明示させる
べきである。なお、その際、一括届出等による雇入契約に係る手続きの
負担軽減の効果が著しく損なわれないよう、具体的な下船時期等の明示
の仕方については配慮する必要がある。

　その他、各事業者による一層の創意工夫を促進するため、求人票等
における乗船サイクルの短期化等に関する各事業者の積極的な取組の
見える化や、表彰制度等を通じた事業者による取組の好事例の横展開
を図る必要がある。

　また、例えば、①休日付与については具体的な時期・場所について船
員本人に対する事前通知が必要であること、②配乗の都合など使用者の
一方的な都合による休日の延期等は認められないこと等の、船員の計画
的な休日の取得等にとって制度上の重要なポイントについて、荷主・オ
ペレーター等に対しても十分な周知を図っていく必要がある。

（ウ）　船員の疲労回復

　連続して乗船・勤務する船員の疲労回復のためには、いわゆる仮バー
ス[7]の確保をはじめとする船員の十分な休息を確保するための取組も必要
である。仮バースの確保については、一部の船舶を除けば費用面や手続き
面では実施を妨げるような大きな障壁は見当たらず、運航スケジュールに
よるところが大きいと考えられることから、運航スケジュールを計画する
荷主やオペレーター等の関係者の理解の促進を図っていく必要がある。

　また、船舶によっては、定期航路事業のように、事業の性格上、一定

---

7 仮バースとは、荷役を目的とせず、船員の上陸や食料の積み込みなどのために岸壁に係船
することをいう。

頻度での仮バースの確保が難しい場合がある。このため、船員の疲労回復のために、仮バースの確保に限らず、それぞれの事業環境の中で十分な休息を確保する取組が必要であり、船員の疲労回復について事業者による積極的な取組や創意工夫を促進するため、表彰制度等を通じた優良事例の横展開や、求人票の様式の見直し等による事業者や取組の「見える化」を図っていくべきである。

4) 多様な働き方の実現

生産年齢人口の減少が進む中で、海運業が将来にわたって持続的に発展していくためには、女性、若者、高齢者など多様な人材の労働参加を進めることが重要であり、そのためには様々なニーズに応える多様かつ柔軟な働き方を可能にし、働きやすい職場づくりを推進することが必要である。

また、こうした事業者による取組を促していくため、必要な環境整備を図っていくこともあわせて必要である。例として、求人票の様式の改訂等を通じた事業者の積極的な取組や女性船員等の採用に積極的に取り組む事業者等の見える化、労務管理責任者（仮称）に対する研修等を通じた理解促進や意識啓発、表彰制度等を通じた事業者の取組の優良事例の横展開、結婚に伴う改姓手続きの簡素化の検討等、行政や業界において必要な環境整備を図っていくことが求められる。

(2) 船員の働き方改革の実現に向けた環境整備

1) 船員の働き方改革の実効性の確保

船員の働き方改革の実現を図るには、船員の労働環境の改善や健康確保とともに、それらの実効性を確保することが重要である。

このため経営層や労務担当者等の関係者が船員労働関係の法令や制度についてその意義や内容を正しく理解するために、船員労働関係の法令や制度の内容等について再徹底を図る必要がある。具体的には、シンポジウム等の活用や説明会の開催等、労務管理責任者（仮称）向けの業界団体による研修や船員災害防止月間等の活用、船員向けの相談窓口の整備等、必要な環境整備を進める。

加えて、就業規則等に関して、

- 就業規則等の社内規程に最新の関連法令や制度の内容を適切に反映させた上で、使用者が雇用する船員に適切に周知することが必要である。
- 適切に就業規則を整備することは、労務トラブルの未然防止にもつながることから、行政においても、陸上労働者の取組を参考にしたモデル就業規則を作成の上、浸透させるとともに、就業規則の作成や変さらに係る届出の手続等を通じて確認や指導を行っていくことも検討されるべきである。
- 就業規則の作成が義務づけられていない常時10人未満の船員を使用する小規模事業者に対しても、モデル就業規則を活用することで就業規則の作成を促進すべきである。

　一方で、船員労働関係の法令等の違反に対する抑止・是正効果を高めるために、国による監査手法・体裁等の見直し、関係機関との連携・協力の推進、事業者からの相談や指導に係る民間の人材等の活用、中小規模の事業者等における働き改革の円滑な実施に向けた支援等について検討を進め、必要な環境整備を図るべきである。

　また、船員法をはじめとした船員労働関係法令は事業者等が遵守すべき最低限のルールを定めるものであることを十分に認識し、船員の働き方改革の実現には、労働関係法令で定める最低限のルール以上の各事業者による積極的かつ自主的な取組を行うことが求められる。例えば、自動車運送事業では、運転者としての就職を希望する求職者が就職先を選ぶ際や、荷主等が取引先を選ぶ際に参考にすることができるよう、長時間労働の是正など働き方改革を重視した「ホワイト経営」への自動車運送事業者の取組状況を見える化するための認証制度が創設され、運用開始に向けた準備が進められている。こうした他業種の取組なども参考にしつつ、船員の労働環境の改善や健康確保に向けて自主的に取り組む事業者の見える化を図っていくべきである。

2) 適正な就業機会の確保等

　船員を目指す若者等に適正な就業機会を提供するためには、船員求職者本人の希望等に合致する求人情報に支障なくアクセスできるよう

にする他、労働環境の改善に向けて積極的な取組を進める事業者の見える化を行うなど、求人者と求職者との間の的確なマッチングを図るための環境整備が必要である。加えて、労働関係法令に違反しているなどの不適切な者からの求人申込みは受理しないなど、乗船後のトラブルを未然に防止するための環境整備も必要である。

このため、陸上労働者に関する制度・取組を参考に、船員職業紹介等について必要な見直しを実施すべきである。

3) 雇入契約に係る手続きの負担軽減等

船員と使用者間が結ぶ労働契約には、「雇用契約」の他に、特定の船舶に乗船するに当たっての給料等の労働条件の他、船舶の航行区域、総トン数等について定める「雇入契約」が存在する。船員法では、雇入契約の成立や終了等があったときは、船長等による最寄りの地方運輸局等への届出を求めており、届出内容の確認により、違反が見つかった場合等は変更指導等、船員の保護に必要な措置が講じられている。

この届出手続きについては、本来は雇入契約の成立等の都度、必要となるが、届出の主体である船長や使用者の負担軽減を図るため、一度届け出れば、その後は、船員の乗下船や転船（乗換え）の届出を省略できる一括届出を一部の船舶（労働条件同等船等）に認めたり、オンライン届出を導入したりといった取組が実施されてきた。しかし、労務管理体制の適正を確認するため、一括届出の許可申請時には用意しなければならない書類が多く、使用者にとって事務負担が大きいといった理由などから普及が十分に進んでいない状況にあった。

現行の労働条件同等船に係る一括届出許可では、行政において、航行の安全や労働関係の法令への適合性の確認の他、適切な船員の労務管理を遂行し得る体制について確認するため、必要な書類の提出等を求めている。これに対し、船員の労働保護と関係者の負担軽減との両立が図られるよう、今般の船員の働き方改革を通じた使用者や陸上の事務所による適正な労務管理体制整備の取組を勘案した確認方法に見直すことを検討する必要がある。また、特に負担となっている窓口出頭について、メール等のオンライン手続きの活用の検討が必要である。

一方、現行では雇入契約の成立や終了等があったときの届出は、原則として船長が行うこととされており、届出を行わなかった場合は罰則の対象となるなど、重い責任が船長に課されている。他方で、商法では、船籍港において、船長は海員の雇入及び雇止をする権限を有する旨が規定されていたが、2018（平成30）年の商法改正により、一般的に船員の配乗権は船長ではなく使用者（船舶所有者）にあり、船長が使用者の意向を確認しないで雇入・雇止をするような実態が現在はないことを背景に、この規定は削除された。このため船員の労務管理は、船員の配乗権を有する使用者により、陸上の事務所の下で一元的に行われることが適当であり、商法の改正の状況も踏まえ、船員法上の届出の主体も使用者（船舶所有者）に見直すべきである。

6.2　船員の健康確保

6.2.1　背景と議論の概要

　国土交通省は、2019（令和元）年7月の船員部会において、「「健全な船内環境づくり」の方向性（Ⅰ～Ⅴ）に沿うことを基本として、関係業界等からの意

方向性Ⅰ.	医学的な見地から健康確保をサポートする仕組み作り
	主な検討事項：産業医制度及びストレスチェック制度の導入等
方向性Ⅱ.	情報通信技術の活用による船内健康確保の実現
	主な検討事項：遠隔健康管理システムの構築等
方向性Ⅲ.	内航船員の特殊性を踏まえたメンタルヘルス対策のあり方
	主な検討事項：効果的なメンタルヘルス対策（講習の実施、相談窓口の設置等）
方向性Ⅳ.	労働安全衛生確保としての健康診断の位置付け
	主な検討事項：健康診断の責任主体や実施方法、事後措置のあり方
方向性Ⅴ.	生活習慣の改善による健康増進対策

出典：交通政策審議会 海事分科会 第12回 基本政策部会 資料2より転載[8]

図6.5　「健全な船内環境づくり」の方向性（Ⅰ～Ⅴ）

---

8 国土交通省 海事局：『船員部会における検討状況について（内航船員の働き方改革関係）』，オンライン，https://www.mlit.go.jp/common/001318368.pdf，2019年12月8日参照

見を踏まえて具体的な制度設計に向けた検討をさらに進めていく」こととされたことを受け、2019 年 9 月 30 日、海運関係者及び医療関係者で構成される「船員の健康確保に関する検討会」を設置した。

2020 年 9 月 14 日、船員の健康確保に関する検討会は、第 8 回の検討会にて、『船員の健康確保に向けて（骨子案）』[9] 及び『船員の健康確保に向けて（案）』[10] を示した。その後、国土交通省は、2020 年 10 月 19 日に『船員の健康確保に向けて（概要）』[11] 及び『船員の健康確保に向けて』[12] を公表した。

6.2.2　船員の健康の現状と課題

『船員の健康確保に向けて（概要）』によれば、船員の健康の現状と課題は、以下の通りとのことである。

船員の労働の現状

○ 船員は、長期に陸上を離れ、家族や社会から切り離された、陸上からの支援を受けることが困難な生活共同体で、気象等の自然条件に左右されて働く。加えて、連続乗船による長期間の労働、当直・出入港等での特殊な交代勤務形態等がある。

○ 高齢の内航船員が多く、平成30年の50歳以上の船員は全体の47%を占めており、このうち約半数が60歳以上の船員である。

○ 平成29年度の実態調査によると、内航船員の月の総実労働時間は238.06時間で、他分野（建設業180.3時間、運輸業・郵便業187.6時間）に比べて総実労働時間が長い傾向にある。1 日当たりの労働時間が、船員の所定労働時間の上限（1日14時間、1週間72時間）を超える船員が、貨物船（1 日：35.3%、1 週間：35.3%）、タンカー（1日:66.7%、1 週間:45.8%）において発生している。

出典：『船員の健康確保に向けて（概要）』より転載

---

9 国土交通省 海事局：『船員の健康確保に向けて（骨子案）』，オンライン，https://www.mlit.go.jp/maritime/content/001363494.pdf，2020年 9 月20日参照

10 国土交通省 海事局：『船員の健康確保に向けて（案）』，オンライン，https://www.mlit.go.jp/maritime/content/001363495.pdf，2020年 9 月20日参照

11 国土交通省 海事局：『船員の健康確保に向けて（概要）』，オンライン，https://www.mlit.go.jp/maritime/content/001368617.pdf，2020年10月4日参照

12 船員の健康確保に関する検討会：『船員の健康確保に向けて』，オンライン，https://www.mlit.go.jp/maritime/content/001368618.pdf，2020年10月4日参照

船員の健康の現状

○ 平成29年度の船員の平均疾病発生率は0.81％であり、陸上労働者（全国健康保険協会の加入者）の疾病率の0.41％と比較して高く、いずれの年代でも船員の方が高い。

○ 船員（船員保険の加入者）は、他の被用者保険の加入者に比べて、メタボリックシンドローム該当者の割合が27.3％（2016年度）と高い。また、全国健康保険協会加入の陸上労働者よりも、腹囲、血圧、脂質の高い者や、喫煙者の割合が高く、生活習慣病による死亡の割合が高い。

○ 労働安全衛生総合研究所の過労死等労災認定事案の調査研究（2010年〜2014年）によると、脳・心臓疾患のうち、海運業を含む運輸業・郵便業は全事案の3分の1。漁業は、発生件数が少ないものの、全業種の中で発生率が最も高く、雇用者100万人について38.4件。労災認定事案の認定要因のうち9割以上が「長期間の過重業務」であり、労働時間以外の負荷要因として評価されたものとしては、「拘束時間の長い勤務」が最も多い。

出典：『船員の健康確保に向けて（概要）』より転載

船員の健康診断の受診状況

○ 船員保険の特定健診の受診率は、他の医療保険制度の保険者よりも低く、船員保険の保険者（全国健康保険協会船員保険部）が実施する健康証明の写しの回収率も使用者に健康診断の記録保存義務がないことなどから十分ではない。また、特定健診実施後の特定保健指導の終了者は対象者の1割以下である。

出典：『船員の健康確保に向けて（概要）』より転載

船員のメンタルヘルスの現状

○ 一般財団法人海技振興センターが平成31年に行った船員のメンタルヘルスの調査報告によると、船員における高ストレス者の割合は15.5％と、陸上の「製造業」に次いで高く、「運輸業、郵便業」よりも高い。

○ 船員の高ストレスの背景には、仕事内容が「かなり注意を集中する必要がある」、「高度の知識や技術が必要な難しい仕事」であり、内航船員のストレス

要因として「運航スケジュールがハードであること」、「危険と隣り合わせの仕事であること」等が挙げられているほか、高ストレス者の要因には「気の合わない上司と乗船すること」、「限られた人たちと職務や生活をすること」等の人間関係によるものの割合が高い。

○ 労働安全衛生総合研究所の過労死等労災認定事案の調査研究（2010年〜2014年）によると、労災認定された精神障害は全業種では雇用者100万人につき9.3件である。このうち、船員が含まれる業種としては、件数としては少ないものの、漁業は100万人につき16.4件の認定件数となっており、すべての業種の中で発生率が最も高い。また、海運業を含む運輸業・郵便業は100万人につき13.0件であり、全業種平均よりその発生率が高くなっている。

出典：『船員の健康確保に向けて（概要）』より転載

6.2.3　船員の健康確保に関する検討会とりまとめ（船員の健康確保の実現に向けて実施すべき事項）

　2020（令和2）年10月19日、国土交通省は、船員の健康確保に関する検討（以下、本項において健康確保検討会という）のとりまとめとして『船員の健康確保に向けて（概要）』及び『船員の健康確保に向けて』を公表した。公表された内容から船員の健康確保の実現に向けて実施すべき事項を要約すると以下のとおりである。

(1)　船員の健康診断のあり方

1)　船員の健康診断

　船員は、船員法に基づき、船舶所有者（船舶所有者又は船員法第5条第1項の規定により船舶所有者に関する規定の適用を受ける者をいう。以下本項において同じ）の費用負担の下、健康検査を受診し、指定医による健康証明により、乗船の適否の判断を受けている。船員の健康リスクとなっている生活習慣病の予防には、使用者が継続的に健康状態を把握し、適切な事後措置や保健指導につなげる必要があるが、現状では、そのような仕組みとはなっていない。

　このため、現在、船員法に基づき船員が1年間に1回受診している健康検査を健康診断と位置づけ、船舶所有者が健康診断を通じて船員の健康状態を把握し、船員も健康診断を受診し、船舶所有者の結果の把握に

協力する。また、健康診断の実施に当たっては、船員の健康診断の結果等の情報に関する秘密保持の徹底や、個人情報の保護や目的以外の使用禁止などの留意すべき事項を指針で示す必要がある。

　一方で、現在、船員法に基づき実施されている船員の健康検査の項目については、陸上労働者の雇入時健康診断と定期健康診断や、高齢者医療確保法に基づく特定健康診査を踏まえ、これらを兼ね備えた内容にしていくことが望ましい。このため、現行の船員法に基づく健康検査を以下のとおり見直す。

① 陸上労働者において、雇入れの時にも健康診断を実施している項目等について、原則必須（35歳以上は必須。35歳未満は指定医の判断で省略可）とする。

　　例）貧血、血中脂質、血糖（空腹時又は随時血糖。指定医が必要と認める場合はHbA1c。）、心電図、肝機能、BMI、腹囲（BMI20未満及び妊婦等についても指定医の判断で省略可）

② 健康証明書の記載事項などの以下の項目を明示する。

　　例）既往歴、服薬歴、喫煙履歴、業務歴、自覚症状・他覚所見の有無

③ 騒音の影響のある機関部の船員について、船舶所有者は、健康影響の早期発見や予防のために、オージオメータを用いた検査の実施に努める。

2)　健康診断結果の把握と事後措置

　船員の健康を確保するためには、船舶所有者が健康診断の結果に関する医学的な所見を得て、事後指導や保健指導につなげる必要がある。このため、船舶所有者が健康診断の結果の通知と保存、健康診断後の事後措置を行い、医師や保健師の保健指導の実施に努め、船員自身も、健康診断を受診し、保健指導を利用することにより、自らの健康の保持に努める。また、船員の健康診断の結果の通知は、健康証明書の記載によるもののほか、健康証明書とは別に、船員に対して医師の所見等を通知する。さらに、船員が健康診断の結果を自宅で見ることができないことも多いことから、個人情報保護を図った上で、電子メール等による通知も考えられる。

　一方で、船員の健康診断の結果の保存は、陸上労働者のような個人別

の記録表などによる管理のほか、船舶所有者の負担を考慮し、健康証明書の写しを個人別に保存する等の簡易な方法も認めることとする。

さらに、船舶所有者が、健康診断を実施した医師等の意見聴取や指定医の健康証明書に記載する意見に基づき、事後措置（例：労働時間の短縮、作業内容の転換、就業場所の変更、深夜勤務の回数の減少（停泊中の深夜勤務回数の減少）、短期間航海の船舶等への配置換え、乗下船期間の配慮など）を講じる。

健康診断後の医師や保健師による保健指導については、船舶所有者が、全国健康保険協会船員保険部で実施するプログラムや、民間の産業保健サービスの健康相談なども活用しつつ、実施に努める。

3) 健康診断の実施体制

船員は居住地が職場から離れていることも多く、健康診断と船員保険の生活習慣病予防健診が合わせて受診できるようにし、船員の利便性や受診率の向上を図る必要がある。このため、国が全国健康保険協会船員保険部等と連携し、船員保険の加入者の多い地域等で、船員の健康診断と生活習慣病予防健診を一括して受診できるように、医療機関のさらなる増加に向け、地域の医療機関の協力を得られるよう、制度の周知等を行う。

4) 健康診断データの活用

船員保険の保険者である全国健康保険協会船員保険部では、これまでも、健康診断データの分析、それに基づく情報提供を行ってきた。このため、船舶所有者がこれらの取組みを活用し、船員の健康管理を推進していく。

(2) 船員の過重労働に向けた対策

1) 労働時間等の適正な把握

陸上制度では、過重な長時間労働やメンタル不調などにより過労死等のリスクが高い状況にある労働者を見逃さないため、企業における労働者の健康管理を強化することが求められている。

これと同様にそれぞれの船内での船員の労働時間を適切に把握し、管理するための取組みが行われることが、船員の健康管理においても重要である。

2) 長時間労働者の面接指導

　陸上労働者においては、長時間労働が、脳・心臓疾患などの健康リスクを高める要因となることから、その防止に資するよう、医師による面接指導につなげて労働者の心身の健康を保つこととしている。

　このため、陸上制度を参考に、船員についても、長時間労働による健康被害の防止のため、船舶所有者が以下の内容において面接指導を実施する。

＜対象となる船員＞

○ 陸上労働者の月80時間の時間外・休日労働時間に相当する労働時間の船員（具体的には月の総労働時間が240時間を超えた船員）で、疲労蓄積が認められる者（健康診断やストレスチェックの際などに面接指導を受けている等の状況を考慮し、医師が不要と認めた者を除く）を対象とする。また、一定期間以上連続乗船する船員についても、船種の違いに配慮しつつ、医師による面接指導の実施なども検討する。

○ 疲労蓄積は本人の申出により判断し、産業医が申出を勧奨できるようにするとともに、船員本人の疲労蓄積の状況を、船内の衛生担当者等が把握して申出を促すことも考えられる。この際、疲労蓄積の状況の把握のため、厚生労働省により示されている疲労蓄積度自己診断チェックリストなどを活用することが推奨される。申出をした船員の不利益な取扱いは禁止する。

○ 上記の船員以外にも、健康への配慮が必要な者として、具体的には以下の船員についても、医師の面接指導や保健師の保健指導等の措置の実施に努める。

・ 一定時間を超えて（月の総労働時間205 時間超）労働をした健康への配慮が必要な船員

・ 船舶所有者において定めた基準に該当する船員

　※ 健康への配慮が必要な船員への措置の実施や、基準の決定に当たっては、船員向け産業医や安全衛生委員会の意見を聞く。

＜実施方法＞

○ 原則として、毎月１回以上、労働時間の把握後、支障がない限り速やかに実施する。実施に当たって、船舶所有者は、医師による面接指導

を適切に実施できるよう、船内での労働時間を把握した場合は速やかに情報を医師に提供する。

○ 船内や遠隔地での面接指導も考えられるため、対面での面接だけではなく、情報通信機器も活用すべきであり、実施方法についてのガイドラインを示す。

○ 船内での実施場所や通信環境が整わない場合、船員が医師との直接の面接を求める場合は、下船後、支障がない限り速やかに実施すること。また、このような場合、代替的に、乗船中に電話等での保健指導を行うなど実効性の確保を図る。

○ 船舶所有者は、面接指導の結果、医師の意見を勘案し、必要があると認めるときは、当該船員の実情を考慮して、就業上の措置（例：労働時間の短縮、作業内容の転換、就業場所の変更、深夜勤務の回数の減少（停泊中の深夜勤務回数の減少）、短期間航海の船舶等への配置換え、乗下船期間の配慮など）を講ずるほか、安全衛生委員会への報告その他の適切な措置を講ずる。

＜実施義務の対象船舶所有者＞

○ 長時間労働者の面接指導については、将来的にすべての船舶所有者に対して義務づけることとし、当面は雇用船員50人以上の船舶所有者に義務づけ、雇用船員50人未満の船舶所有者は努力義務とし、小規模事業者の負担、実効性に配慮し、導入をサポートしていく。

　※派遣船員については、派遣先と派遣元の責任の範囲などについて、陸上制度などを参考に、法制的に検討を進める。

(3)　メンタルヘルス対策

1)　ストレスチェック制度

メンタルヘルスの改善に向けては、自身の状況を把握するとともに、職場全体での改善策も考える必要がある。船員は高ストレス者が多いとされていることから、船舶所有者がストレスチェックを以下のように実施すること。

<実施方法>

○ 実施方法は陸上制度に準拠し、1年に1回以上、医師、保健師等により実施され、結果は医師から船員に対して直接通知され、検査を行った医師等が必要とし、船員の申出があったときは、遅滞なく、医師による面接指導を実施する。船舶所有者は面接指導の申出をした船員の不利益な取扱いをしてはならず、船舶所有者は、医師から面接指導の結果の提供を受けた場合は、当該検査結果の記録を作成して保存する（実施した関係者には守秘義務を設ける）。

○ 船舶所有者は、面接指導の結果に基づき、医師の意見を聞き、その意見を勘案し、必要と認めるときは、当該船員の実情を考慮して、就業上の措置（例：労働時間の短縮、作業の転換、就業場所の変更、深夜勤務の回数の減少（停泊中の深夜勤務回数の減少）短期間航海の船舶等への配置換え、乗下船期間の配慮など）を講ずるほか、安全衛生委員会への報告等の適切な措置を講じる。

○ 国はストレスチェックの内容の詳細について、具体的な指針を示す。

<実施義務の対象船舶所有者>

　雇用船員50人以上の船舶所有者についてはストレスチェックを義務付けとし、雇用船員50人未満の船舶所有者に対しては、努力義務とする[13]。

2)　ストレスチェックの結果の活用

　船員に高ストレス者が多いことに鑑み、船舶所有者がストレスチェックの結果の集団分析等の実施に努め、職場に応じたメンタルヘルス対策等を図る。

3)　その他のメンタルヘルス対策

　船員のメンタルヘルス対策ついては、陸上制度と同様に、船舶所有者が雇用船員の健康の保持増進を図るための措置の継続的かつ計画的な実施に努め、国は心の健康に関する指針を定める。

---

13 派遣船員については、派遣先と派遣元の責任の範囲などについて、陸上制度などを参考に、法制的に検討を進める。

　また、今後、船員やその家族の電話・メールによる相談窓口の設置、メンター制度の導入、優れた取組への表彰制度の活用など、業界の自主的な取組と意識改革を促すような取組について検討し、国は船舶所有者に普及を図る。

(4)　船員向け産業医について

1)　船員向け産業医の必要性と役割

＜船員向け産業医の必要性＞

　船員においては、指定医制度のほか、陸上制度を参考に、一定規模以上の船員を常時使用する船員を雇用する船舶所有者に対して、安全衛生委員会の設置を義務づけている。しかし、継続的に、医学的な立場からのサポートを行う制度は確立していない。

　このため、雇用船員 50 人以上の規模の船舶所有者に対して、船員の健康管理等を行う船員向け産業医の選任を義務づける。

※ 派遣船員を使用する船舶所有者の船員向け産業医については、派遣先と派遣元の責任の範囲などについて、陸上制度などを参考に、法制的に検討を進める。

＜船員向け産業医の役割＞

　船員向け産業医の職務に関しては、陸上制度と同様に、健康管理等に関する以下の事項で、医学に関する専門知識を必要とするものについての助言等の医学的な立場からのサポートを行う。

① 健康診断の実施（その結果に基づく船員の健康保持のための措置）

② 長時間労働者の面接指導の実施等（その結果に基づく船員の健康保持のための措置）

③ ストレスチェックの実施と面接指導の実施等（その結果に基づく船員の健康保持のための措置）

④ 作業環境の維持管理

⑤ 作業の管理

⑥ ①～⑤のほかの船員の健康管理

⑦ 健康教育、健康相談等の船員の健康の保持増進を図るための措置

⑧ 衛生教育

⑨ 船員の健康障害の原因の調査・再発防止のための措置

　船員向け産業医については、上記の事項に関する助言・指導とともに、船員の健康管理等について、必要な勧告権限を認め、船舶所有者は勧告を尊重する。

　また、海上労働の特殊性（不定期・長期間の航海等）を考慮すると、船員向け産業医が陸上と同様の毎月1回以上の職場を巡視することが困難と考えられるため、以下の方法をそれぞれ実施することで、代替できるようにする。

① 年1回以上、船員向け産業医による船舶所有者の船舶のいずれかの船内の巡視。

　※ 運航スケジュールや天候などにより実施が困難となる船舶についても、実効性を確保するため、船員向け産業医の指示の下、衛生管理者又は衛生担当者等が巡視した画像や動画等を船員向け産業医に報告する方法も検討する。

② 毎月1回以上、衛生管理者又は衛生担当者等による巡視と、その結果の船内周知及び船員向け産業医への報告。

　※ 小型船のような体制が十分ではない船舶の巡視について、船員の負担とならないよう、簡便に実施する方法について、引き続き、検討する。

③ 毎月1回以上、長時間労働の面接指導の対象となる船員、労働時間、休息時間などの健康障害防止又は健康保持のために必要な情報（安全衛生委員会において調査審議を経て提供することとしたもの）を船員向け産業医に報告する。

　※ 巡視すべきポイントについて、船員向け産業医の意見や今後国が示す内容等を参考に、各船舶所有者の安全衛生委員会で決め、必要に応じて、巡視の結果を基にした自主的な改善計画を作成していくことが推奨される。

＜小規模事業者の対応＞

　雇用船員50人未満の船舶所有者に対しては、必要な知識を有する医師又は必要な知識を有する保健師に、健康管理等の全部又は一部を資格に応

じて行わせるよう、労働保険による助成金や産業保健総合支援センターの活用など、必要な支援を活用しながら体制の確保に努める。また、船員法に基づく衛生管理者資格を持つ者や経験者に、船内の健康づくりに向けた取組など健康管理等の一部を資格に応じて行わせることも検討する。

2) 船員向け産業医の確保

船舶所有者は、労働安全衛生法の資格を有する者を船員向け産業医として選任し、選任した船員向け産業医を地方運輸局に届け出る。

船員向け産業医が業務を行う際には、海上労働に関する制度や船内環境などの海上労働の特殊性に関する情報が必要となる。このため、国が、DVDやeラーニングなどを活用しつつ、産業医向けに船員の働き方などについて学ぶことのできる機会を確保し、船員向け産業医の確保に努める。また、国は、船舶所有者が必要とする地域での船員向け産業医を確保できるよう、医師会、船員保険会、日本海員掖済会（にほんかいいんえきさいかい）などの関係団体の協力を得つつ、体制の整備に努める。

一方、指定医については、引き続き、健康証明の合否判定を行い、船員向け産業医が各船舶所有者の実情に応じた健康管理等についての助言を行うこととし、国において、指定医に、制度全般についての情報を得る機会を設ける。

3) 産業保健の実施体制

船舶所有者が、船員向け産業医も船員災害防止法に基づく安全衛生委員会に参加できるようにし、その役割等について、船員も理解することが必要である。また、同委員会の設置などについて、国の監督指導を適切に実施する。

船員の生活と労働は一体となっており、また、船舶によりその就労生活環境は大きく異なる。このため、船舶所有者が船員向け産業医の導入とともに、その指示のもと、保健指導や職場の健康づくりの支援を行う保健師の活用等についても、必要に応じて検討し、産業保健体制の充実を図る必要がある。

（5）小規模事業者における健康管理の促進

　船舶所有者の多くを占める雇用船員 50 人未満の小規模事業者については、内航海運組合や系列会社などでの連携、船員向け産業医の共同選任や健康診断の共同実施、保健サービスや提携医療機関の共同契約など、さまざまな取組の活用が考えられる。また、50 人以上の規模の事業者においても船舶所有者が連携した取組が考えられる。さらに、海運関係団体は、小規模事業者が多い海運業界の特性を踏まえ、事業者に産業保健体制が整うよう、積極的に取り組むべきである。

　また、小規模事業者等を支援する産業保健総合支援センターやその地域窓口、小規模事業場産業医活動助成金やメンタルヘルス対策関係助成金など、船員に利用可能な支援が十分に活用されるよう、国土交通省が、厚生労働省や海事関係団体等とも連携し、これらの支援の情報について、小規模事業者に周知を図る。

（6）効果的な運用に向けた実施体制

1）　遠隔健康管理システムの構築

　健康管理に向けた情報通信機器の活用については、国が実証実験などの知見を通じて、情報通信機器を活用した面接指導等を実施する医師の要件（産業医、船社の健康管理に従事している医師等）、使用する情報通信機器や通信の状況、プライバシーへの配慮等の実施にあたっての留意事項についてのガイドラインを作成して示す。

　また、船舶所有者は、遠隔健康相談等の医療保健のサービスを利用しつつ、乗船中の船員が適切な医療や産業保健へアクセスできるよう努める。

　航海中の緊急対応にかかる「無線医療助言事業」については、引き続き、適切な医療助言ができるよう、国は、医療関係者等が課題を共有する場を設ける。

2）　効果的な運用のための実施体制

　民間産業保健サービスなどによる健康相談やメンタルヘルスの遠隔相談の活用や、同じ会社の陸上労働者に対応する保健スタッフを活用した

船員のケアなどについては、それぞれの船舶所有者が検討することが重要である。

船員保険の保険者である全国健康保険協会船員保険部では、これまでも、健康診断データの分析、それに基づく情報提供、健康講座、禁煙プログラムなどの保健事業を行ってきており、また、船舶所有者との協働による船員保険加入者の健康づくり支援、いわゆる「コラボヘルス」を推進している。このため船舶所有者は、これらの取組みを活用し、船員の健康管理を推進していく。

また、船員保険会、日本海員掖済会、船員災害防止協会など特に船員との関係の深い団体や医師会などにおいては、船員への健康診断の実施のほか、船員向け産業医の選任、ストレスチェック等の面接指導、メンタルヘルス対策などについて、協力体制を構築することが求められる。

さらに、国においても、これらの団体と連携して、施策の実現に向けた体制の構築を図る。

3) 船舶所有者における職場改善に向けた自主的な取組

船員の健康確保には、制度的な面だけではなく、現場参加型の職場改善に積極的に取り組むことが重要であり、船内環境の自主点検やそれに基づく改善などを行う船舶所有者もある。このため現場の船員が参加する船内安全衛生委員会なども活用し、働きやすい職場や船員の健康づくりに向けた現場での改善が行われ、健康でストレスの少ない生き生きとした船内環境づくりが、労使参加の下、自主的に取り組まれることが求められる。

4) 業界全体を通じた普及・啓発

船内での食事の改善、運動不足の解消、受動喫煙の防止、メンタルヘルスの改善などの取組や、船内での労働時間や休養の状況、体調や血圧の把握などの日常的な船員の健康管理に向けては、業界団体においても、それぞれの船の特性に合わせた取組を自主的に検討していく。

船員の過労の原因となる長時間労働については、過密な運航スケジュールや荷役などが原因として挙げられており、荷主やオペレーターを含む海運業界全体の課題として受け止め、国は、今般の制度の見直し

について、荷主やオペレーターを含む海運業界全体に周知を図り、実効性を担保する。

5) 施行に向けた準備

制度見直しに関しては、荷主・オペレーターや医療機関や事業者へ周知し、理解、協力を得ながら、他の働き方改革に関する動向に合わせ、陸上と異なる通信環境や職場環境も踏まえ、十分に準備期間を取り、必要に応じて、実証実験の知見などを把握しつつ、実態に合った対応を行う。

6.3 今後の内航海運のあり方

本節では、交通政策審議会 海事分科会 基本政策部会（以下、基本政策部会という）で検討された、「今後の内航海運のあり方」について、その概要を示す。

6.3.1 背景と議論の概要

国土交通省によれば、暫定措置事業は、船腹調整事業解消に伴う引当資格の無価値化に係る経済的混乱の抑止のほか、船腹需給の引き締め効果、保有船舶の解撤や代替建造を促し、内航海運の構造改革を促進する効果、環境性能の高い船舶の建造、船舶管理会社の活用等の取組を進めるインセンティブ効果を発揮するなど、これまで一定の役割を果たしてきたという。暫定措置事業の終了後は、船舶の建造時の納付金が必要なくなり、コスト負担が軽減することによって、船舶投資が容易化し、一定の船腹需給の引き締め効果が失われることによる急激な景気変動等に伴い船腹余剰状態が発生することが懸念されている。また、内航未来創造プランによれば、環境性能の高い船舶の建造、船舶管理会社の活用等の取組を進めるインセンティブ機能の低下等の影響が発生し得ることが想定されるとのことである。

このため、内航未来創造プランは、暫定措置事業が想定よりも早期に終了することも念頭に、暫定措置事業が果たしてきた役割に対しどのような対応が考えられるか、またその場合における内航海運組合の役割を含むあり方をどう考えるか等について検討を行う必要があるとした。また、検討方法については、まずは業界において、暫定措置事業終了に発生し得る具体的な影響や事業者の

意見等を把握しつつ、内航未来創造プランとりまとめ後早期に議論を開始し、その後、内航海運業界における議論の結果も踏まえ、国において、暫定措置事業の終了後の課題や国の対応等について検討するとした。

このような背景の中、2019年3月、交通政策審議会 海事分科会（第36回）の中で、公益委員より、内航海運業界の事業者のあり方や、運賃・用船料に関する議論、暫定措置事業後の内航海運業界のあり方等に関して、議論できる場が必要であるとの意見があり、これに対し国土交通省 海事局 内航課長が適切な場で検討を深めたいとする主旨の発言を行った[14]。

その後、2019（令和元）年6月に、基本政策部会の第9回の会議が開催され、船員の働き方改革の実現や、環境問題への対応、安全確保の徹底などの社会的な要請を踏まえて、追加的に必要となるコストの適正負担に関し、荷主企業との取引環境の改善や、内航海運暫定措置事業終了後の事業のあり方などについて、基本政策部会で総合的に検討を進めていくことが示された[15]。基本政策部会の2019（令和元）年内の会議では、内航海運業界の現状説明や、荷主企業から見た内航海運について、働き方改革の議論の進行状況等についての説明が行われ、意見交換が行われた。2020（令和2）年に入り、新型コロナウイルス感染拡大の影響によって、審議が遅れたものの、2020（令和2）年8月に開催された第17回の会議において、『令和の時代の内航海運に向けて（仮題）（中間とりまとめ案）』が示された。その後、海事局は、基本政策部会のとりまとめとして、2020年9月24日に、『令和時代の内航海運に向けて（中間とりまとめ）』[16]を公表した。

6.3.2　内航海運を取り巻く環境

『令和の時代の内航海運に向けて（中間とりまとめ）』によれば、内航海運を取り巻く環境は、以下のとおりとのことである。

---

14 国土交通省 海事局：『交通政策審議会 海事分科会（第36回）議事録』,オンライン,
　https://www.mlit.go.jp/policy/shingikai/content/001322050.pdf, pp.37-39, 2019年12月30日参照

15 国土交通省：『交通政策審議会海事分科会第9回基本政策部会 議事録』, オンライン,
　https://www.mlit.go.jp/common/001318471.pdf, pp.1-2, 2019年12月31日参照

16 交通政策審議会海事分科会基本政策部会：『令和の時代の内航海運に向けて（中間とりまとめ）』,2020年9月

近づく内航海運暫定措置事業の終了

　内航海運においては、昭和 30 年代以降の石炭から石油へのエネルギー転換に伴う貨物船の船腹過剰状態の解消を図るため、昭和 41 年よりスクラップ・アンド・ビルド方式による「船腹調整事業」が開始された。平成に入り、政府全体における規制緩和の流れの中で、平成 10 年には船腹調整事業を解消することとされた（規制緩和推進 3 カ年計画（平成 10 年 3 月 31 日閣議決定））。なお、船腹調整事業実施下において、既存船を解撤等（スクラップ）して新船を建造できる資格が、「引当資格」として一種の営業権の価値を持ち、船舶そのものとは別に単体で売買されたり、金融機関の融資の担保にもされたりした。同事業の解消により、船舶の建造の際に既存船の解撤等が不要になったことで「引当資格」が無価値化するため、これによる経済的影響を最小限に抑えるためのソフトランディング策として、「内航海運暫定措置事業」が導入された。本事業は、船舶を建造等しようとする者が納付金を納付し、解撤等しようとする者に交付金を交付する制度であり、収支が相償った時点で終了することとされている。なお、交付金の交付は、平成 27 年に対象船舶がなくなったため既に終了しており、現在は、本事業の実施のために借り入れた資金の返済のため、納付金の納付のみが行われている。

　本事業の終了により、納付金の納付義務がなくなることによる実質的な船価の低減や、本事業に付随して行われていた積荷制限等 [17] がなくなることにより、代替建造の促進や事業者間の競争の促進等の活性化が期待されるところである。

出典：『令和の時代の内航海運に向けて（中間とりまとめ）』より転載

船員の高齢化と船員不足への懸念

　少子高齢化が進行する我が国において、内航船員も高齢化の問題に直面している。令和元年現在、50 歳以上の船員の割合は全体の 46.4％で、全体の約半数を 50 歳以上の船員が占める状況が続いている。

　近年は、若年者の確保・育成に向けた取組が進められ、若年層である 30 歳未満の船員の割合も徐々に増加の傾向がみられるが、一方で、船員として就職後数年で

---

17 専用船（石材・砂・砂利専用船、石灰石専用船等）は、一般貨物船よりも建造等納付金単価を低く設定している代わりに、用途（積荷）等を制限して建造認定しており、認定された条件以外の用途で一時的に使用する場合は、使用する日数分の納付金を納付しなければならないとするもの。

転職してしまう者もいる。独立行政法人海技教育機構の卒業生へのアンケート調査によれば、転職者の転職理由のうち「人間関係がうまくいかなかった」「休暇が十分に取れず、毎回長期乗船となる」「時間外労働が多かった」など就職先の人間関係や労働環境等の厳しさを理由とする回答が多く見られているところである。

内航業界からは、「高齢船員がリタイアした後の人材確保、事業継続に不安を感じる」、「依然として労働環境が厳しく、若年層にとって魅力的な職場となっていないのではないか」等、将来的な事業の継続に必要となる船員の確保に関して懸念が示されている。

少子高齢化に直面する我が国においては、内航船員に限らず、様々な業種で担い手確保が急務とされており、平成 30 年 6 月には、労働参加率の向上等を図るため、長時間労働の是正や多様で柔軟な働き方の実現等を図るための措置を講ずる「働き方改革を推進するための関係法律の整備に関する法律」（平成 30 年法律第 71 号。以下「働き方改革関連法」という。）が成立した。

陸から離隔した船上という特殊な環境下で働く船員については、陸上職とは異なる労働制度（国際条約、国内法令等）が適用され、働き方改革関連法の適用は受けないことになっており、同法によって働き方改革が進む陸上職との間で、今後ますます担い手確保の競争が激化していくことが見込まれる。

今後、海上輸送を担う優秀な人材を継続的に確保していくためには、船員希望者を増やしつつ、就職した若年船員等の定着を図るべく、船員についても、陸上職における取組も参考に、労働環境の改善や健康確保のための取組など、若者をはじめ幅広い者にとって魅力をもってもらえる職業へと変えていくため、「船員の働き方改革」の実現に向けた取組を進めていくことが必要である。

出典：『令和の時代の内航海運に向けて（中間とりまとめ）』より転載

脆弱な事業基盤や船舶の高齢化

内航海運業界は、少数かつ大規模な荷主企業の下で、少数の元請けオペレーターが当該荷主企業の輸送を一括して担う傾向となっている。さらに、これらの元請けオペレーターの下に、二次請け以下のオペレーターが専属化・系列化するとともに、オーナーも各オペレーターの下に専属化・系列化する構造となっている。

荷主企業は、経営統合が進み、鉄鋼、石油、セメントそれぞれの業界で、大手 3 社による寡占化が進んでいる状況である。

内航海運業者も、事業者数は 10 年間で 16％減少し、事業者あたりの使用隻数は約 1.8 隻となったが、それが即ち事業基盤の強化に寄与しているというよりも転

廃業した事業者の分が数字に反映された感が否めず、引き続き全体の99.7%が中小事業者であり、保有隻数一隻のいわゆる一杯船主の数は、平成22年から10年で32%減少したものの、依然として840事業者を数え、半数を超えている。

このため、荷主との価格交渉力の点で比較劣位に置かれ、「低い収益性」を甘受せざるを得ない一方、船舶という高額な生産設備への「巨額な投資」が必要となるため、固定比率や負債比率が他産業と比べて著しく高い。

上記を背景として、事業者は再投資に向けた十分な資金を内部に留保することが出来ず、このため、船舶の代替建造が進まず、法定耐用年数（14年）以上の船齢を有する船舶の割合が平成21年以降7割以上で推移しており、船齢の高い船舶が多数を占める状況になっている。

このため、規模に大きな差のある荷主企業と内航海運業者、あるいはオペレーターとオーナー間の取引環境を改善するとともに、内航海運業者側も事業基盤の強化等に向けて生産性向上に取り組むことが必要である。

出典：『令和の時代の内航海運に向けて（中間とりまとめ）』より転載

自動運航技術等の新技術の進展

（1）高度船舶安全管理システムによる労働負荷低減効果等の検証

例えば、いわゆる高度船舶安全管理システム[18]においては、導入した一定の貨物船について、安全性に問題がないことを個船ごとに検証・確認した上で、特例として、機関部職員の1名減による運航を認める制度がすでに運用されているが、同システムは、実用化から10年を経て、解析能力の向上による異常の早期検知や故障率低減による信頼性向上が実現しており、トラブルへの対応の柔軟化や大規模トラブルの防止が見込めることから、安全レベルを維持しつつ更に運航効率化や労働負荷低減へ寄与することが期待されている。このため、その労働負荷軽減効果等を検討するため、最新の高度船舶安全管理システムを搭載した内航コンテナ専用船を用い、本年2月末から3月にかけて4週間にわたり、一等機関士の代わりに部員が業務に従事する実船運航が行われた。このコンテナ専用船では、高度船舶安全管理システムの導入により、船舶職員及び小型船舶操縦者法第20条の特例許可を受けて、機関部職員がすでに機関長と一等機関士の2名配乗（通常は3名）となっているが、本実船運航では、一等

---

[18] 主機の運転状況などのデータを陸上から監視することで、トラブルの予兆などを検知するシステム。

機関士は乗り組んでいたものの具体的な作業には従事せず、代わりに機関部員が機関長の指揮を受けながら必要な作業に従事した。すなわち、機関部職員を機関長のみとし、一等機関士の代わりに部員が作業に従事するのと同等の状況下で運航したことになる。1隻の船舶による4週間の運航という限定された範囲であり、詳細な検討は今後必要であるものの、この運航期間を通じて、安全上のトラブルは生じず、また、緊急時を想定して部員単独による主機関始動作業も行ったが、これも問題は生じなかった。

（2）内航船主、舶用事業者等による新技術の開発やその適用による労働環境改善等に向けた検討

　内航海運に携わる民間事業者においても今後の内航船のあり方に対する関心が高まっており、海事産業が盛んな瀬戸内を中心に、内航船主や舶用事業者等が中心となってその研究のための組織を立ち上げるなどの動きも出てきている。

　同組織においては、499GT・749GT程度の小型内航船を念頭に、運航のあらゆるフェーズを3名でオペレーション可能とすることを目的として、労働負荷が最も高い作業のひとつである着桟作業や荷役作業の簡素化につながる技術の開発やその適用方法等の検討を進めている。そのひとつとして、現在5名の総員配置（オモテ・トモ各2名、ブリッジに1名）で行っている着桟作業を3名（オモテ・トモ・ブリッジ各1名）で実施可能とするべく、ブリッジで集中制御可能なデジタル電動ウインチの開発に取り組むなど、具体的な取組も進めている。

　また、同組織に属する内航船主の中には、小型内航船の運航に伴う労働負荷をトータルで削減するため、このデジタル電動ウインチのほか、荷役をブリッジ等で集中管理するシステムや機関室を遠隔から監視するシステムなどを総合的に導入し、その効果を実証しようとする動きも存在しており、今後、これらの新技術の導入による労働環境改善・生産性向上の具体的な効果が早期に明らかとなることが期待される。

（3）内航船の電動化と機関部作業の簡素化に向けた取組

　船舶には油圧駆動の機器が多く用いられているが、これらを可能な限り電動化し、デジタル化していくことは、機器のレイアウトの自由度向上、機器類の自動制御／集中制御の容易化、騒音低減等の労働環境改善や生産性向上に繋がる多くのメリットを生むと考えられる。また、船内機器のデジタル化が進むと、データの収集・活用も進み、新たなサービスの提供、機器開発の高度化、維持管理や船舶検査の効率化等に繋がっていくことも期待される。

　現に民間では、電池に蓄えた電気のみで運航する電池推進船や、発電機の発停作業の負担低減に向けたパワーマネジメント技術を開発し、実用化しようとする動きが出始めている。

出典：『令和の時代の内航海運に向けて（中間とりまとめ）』より転載

6.3.3　荷主に対するヒアリング結果

　基本政策部会では、内航海運を利用する各種荷主に対してヒアリングが行われた。荷主の意見は、今後の内航海運のあり方を検討する上で重要であることから、以下に、国土交通省が行ったヒアリング結果の概要を掲載する[19]。

表6.2　荷主（産業基礎物資系）へのヒアリング結果概要 その1

1. 現状・取組	
内航海運の現状認識	・船員の確保に苦労。 ・ノウハウ、経験、危険予知に優れた熟練船員の退職による今後の安全運航への支障を懸念。 ・船のリプレイスのタイミングで後継者不足を理由に廃業する事業者（一杯船主）も多い。（耐用年数見合いで用船契約（積荷保証）をしているケースでは、廃業率は大幅に減少する。） ・フリー船（荷主の系列に属さない船舶）の減少により、一時的な輸送需要増加時の船舶確保に苦労。 ・船員の育成は荷主としても積極的に支援していきたい。（船員の確保・育成に向けた支援制度を導入している荷主や、自ら船員を育成したいとの意向を有する荷主あり。） ・運賃については、荷主は燃料費を実費で払っているほか、リプレイス可能な水準の運賃を支払っているとコメント。 ・主としても安全を最重視している。（支配下の小型船への AIS 導入を進めている荷主もあり。）
船員の働き方と荷主、オーナー、オペレーターとの関係	・乗下船のタイミングは一般的にオーナーが決定。3ヶ月乗船、1ヶ月休暇が一般的。（ただし、オーナーによっては、より短いスパンに設定しているとの声あり。） ・運航スケジュールは一般的に元請オペレーターが決定。（ただし、荷主とオペレーターが一緒に決定しているとする荷主もあり。） ・最近は、船員の負担に配慮して、閑散期に荷主都合（船側への運賃支払いは行う）で仮バースに付けるようにすることもある。
荷役	・鉄鋼は基本的に陸側が荷役を実施。契約で役割分担を決めている。 ・石油は各社役割分担の基準を持っているほか、業界団体としても基準の統一化等に取り組んでいる。 ・石油とケミカルは、船上での作業は安全上の問題から船側がやらざるを得ない。 ・荷役の対価について、運賃と別立てにしている荷主と、運賃に含めているという荷主あり。
船舶	・船のリプレイスのタイミングはオペレーターの判断。荷主からは、特定の船舶のリプレイスをリクエストすることはほとんどない。

19 国土交通省 海事局：『荷主ヒアリングの結果概要』，オンライン，https://www.mlit.go.jp/common/001318380.pdf，pp.2-7，2019年12月30日参照

表6.3 荷主（産業基礎物資系）へのヒアリング結果概要 その2

2．内航海運への期待	
内航海運の位置づけ	・長距離・大量輸送に優れた内航海運による安全・安定供給は欠かせない。（鉄鋼や石油といった産業基礎物資は）トラックだけでは運びきれない。 ・工場の統廃合により工場間の距離が伸びれば、内航海運を使う機会が増える可能性あり。
生産性向上	・業界がリーダーシップを取り、荷主のみならず、行政、港湾荷役事業者、倉庫事業者をも巻き込んで内航海運の生産性向上に取り組んでいただきたい。
その他	・揚げ地側の港湾設備や貨物のロットの関係で、199トンクラスの小型船及びこれに乗り組む船員も一定数必要（離島等）。
3．内航海運の課題と業界に求めること	
生産性向上	・Win-Winの関係構築に向け、生産性の向上による付加価値の増加を図る必要。このため、 ▶ AI、IoTのほか、既存技術の改善も含め、新技術の活用を図っていくことが重要。 ▶生産性向上には原資（資本蓄積）が必要。人口減少を抱える内需からこれを生み出すためには、経営の効率化が必要。 ▶計画性ある運航は重要な付加価値の一つ。499トンクラスの船の機動力も生かしつつ、例えば荒天影響の少ないRORO船の導入により、定時運航や荷役効率の向上を図りたい。 ▶各企業が協力して共同運送等を行えば、コストダウンを図ることができる。（既に他社と連携して船の融通を行っているところもある。）
安全・安定輸送の確保のための人材の確保・育成	・内航船の安全と人材育成が最重要テーマの1つ。 ▶熟練船員の退職は懸念である一方、いかに船員の負担を減らしつつ安全を確保して運航できるかということについて取り組む必要（例：エンジンにセンサーをつけて機関部は陸上で監視する取組等）。 ▶船員希望者の減少と若年層の離職は課題であり、船員希望者の裾野を広げる取組が大事。 ▶また、若者を集めるには、船上で連絡が取れないこと（通信環境）、休みをいかに与えるかが重要な課題と認識。 ▶後継者問題も大きな課題。船員集めが大きな負担になっており、廃業を考えるオーナーも存在。自然淘汰的にオーナーが集約化されていく可能性もあるが、今後も注意が必要。
荷役	・揚げ地側の荷役時間の制限（荷役は日中のみ、土日の荷役不可等）により船の回転が悪くなり、船員が船内にいる時間が長くなってしまう場合がある。 ・雨天時も荷役可能な全天候型バースを増設したいとは思っている。 ・内航海運業者側から、「ここは荷主の負担、ここは船側の負担」などと声を上げてほしい。
4．国（行政）に求めること・その他	
港湾・荷役	・RORO船や船舶の大型化を図るためには港湾機能の強化（バース整備、浚渫等）が必要。 ・岸壁側にローディングアームがあれば荷役作業の負担が軽減される。 ・陸に上がる時間を確保したいが、ケミカル船は危険物を積んでいる関係で、荷役前日に着岸できない。タンククリーニングが済んでいない場合も着岸できずに洋上にいなければならないこともある。 ・199船による小ロットでの都度輸送を求める荷主が存在（瀬戸内の造船所等）。顧客ではあるが、今後は受荷主側の意識及びオペレーションの改善も必要。
船員不足への対策	・船員になる人を増やしていく取組や、魅力向上をお願いしたい。 ・将来的に自動運航技術による支援が可能になれば、船員の負担軽減や船員不足対策にもつながるので、技術の発展支援をお願いしたい。 ・ケミカルタンカーについて、船をまたいだ配置換え等の際に融通がきくよう、改善できないか。

表6.4　荷主（雑貨系）へのヒアリング結果概要

1．現状・取組	
モーダルシフト	・モーダルシフトについて、移動距離 500km 以上を分岐点と考えているが、近年短縮化の傾向。
内航海運の主なメリット	・大量輸送が可能 ・CO_2 排出量が少ない ・定時制に優れている ・輸送品質が良好でトラブルが少ない ・災害からの復旧が早い　等
内航海運の主なデメリット	・時間的制約がある ・ある程度物量（ロット）がないと活用しにくい ・ルートが限定的　等

2．内航海運への期待
・トラックドライバー不足だけではなく災害への対応の観点からも、複数の輸送ルートの確保は重要であり、鉄道の輸送能力にも限界があることから、海運の活用を強化していきたい。 ・今後は 500km 前後又は未満でも海上輸送ルートがあれば活用していきたい。

3．内航海運の課題と業界に求めること
・航路情報や料金が分かりにくい。 ・小口貨物の輸送への対応

4．国（行政）に求めること・その他
・航路の増設、寄港地の追加 ・船舶の大型化 ・ハブ港の設置 ・航路情報の見える化

6.3.4　基本政策部会中間とりまとめ（当面講ずべき具体的施策）

　2020（令和2）年9月24日、国土交通省は基本政策部会のとりまとめとして、『令和の時代の内航海運に向けて（中間とりまとめ）』を公表した。なお、基本政策部会は、中間とりまとめとしたが、この「中間」とは、新型コロナウイルス感染拡大に関する荷主企業の状況を踏まえて修正が必要とされる可能性が存在するためであり、実質的には、2020年8月の基本政策部会終了時点での最終のとりまとめ内容となっている。また、基本政策部会は、これらの具体的施策のうち、制度改正を伴うものについては、行政においてその実現性や妥当性等について法制的な面から今後さらに検討が行われることを前提としているとした。

　以下に基本政策部会が進めるべきとした具体的施策を示す。なお『令和の時

代の内航海運に向けて（中間とりまとめ）』には、船員の働き方改革についても示されていたが、既に前節までで示したので、ここでは割愛する。

（1）　船員養成の推進

　船員の養成は、海技教育機構がこれまで基幹的な役割を果たしてきた。海技教育機構による船員養成については、「船員養成の改革に関する検討会」において、目指すべき船員養成の改革の方向性が検討されており、その第一次中間とりまとめ（2019（平成31）年2月7日）では、国際条約改正への対応や技術革新等の環境変化に対応し、教育内容の高度化を図るため、これまでの航海・機関両用教育を一部残すことも検討しつつ、航海・機関それぞれの専科教育に移行することが適当であるとされ、2021（令和3）年度には、小樽海上技術学校の短大化に伴い、養成定員を10名増やすなど、船員増加のための対応が進められている。このため今後も内航船員の需給状況をみた上で、業界や関係者に相談をしながら、段階的にその規模を拡大すべく検討を進めていく必要がある。

　また、2009（平成21）年からは、民間型六級養成が創設され、近年は内航船員の新規就業者数の1割を超える者が、民間型六級養成から輩出されるようになっている。しかしながら、民間型六級養成では、乗船実習に必要な社船の十分な確保が容易ではないこと等の課題が存在する。このため例えば、現在実習に要する社船の確保及び提供を行っている海洋共育センターのような、個々の内航海運業者では実施困難な事業を共同で行っていくことが求められるとともに、内航海運組合がこうした取組を積極的に支援するなど、内航海運業界を挙げて民間における船員養成を支援し、船員を安定的に確保していくことが必要である。

（2）　内航海運暫定措置事業の終了

　内航船のオーナーは、旧来、船腹調整事業実施下における引当資格の売却や本事業の交付金収入といった、旧船の売却時の売却収益（これも売船先途上国の経済発展に伴い上昇が見込まれた）以外にも収入が見込まれ、ある種投機的なビジネスモデルを取る場合も見られた。現在では、交付金収入もなくなり、さらに売船先の国々での環境規制の高まりもあって売船価格の急激

な上昇が見込めなくなっている。このため船舶売却時の収益に頼らず、日々の用船料収入でビジネスを成立させる、「稼げる内航海運」への変革が必要となる。

(3) 内航海運暫定措置事業の終了も踏まえた荷主等との取引環境改善

船員の働き方改革を実現するためには、定期用船契約等でオーナーと契約し、運航スケジュールを設定するオペレーターや、最終的にコストを負担する荷主の理解と協力が不可欠である。また、「稼げる内航海運」へ変革していくためには、適正な運賃・用船料が収受でき、持続可能な事業運営が実現できる環境整備が必要となる。このため、以下に示すような荷主やオペレーターとの取引環境の改善が不可欠である。

1) 船員の労働時間管理に対するオペレーターの責任強化

基本政策部会における議論や、船員部会における検討においては、船員の長時間労働の一因が、航海と荷役の連続など、運航スケジュールの設定に存在するとの指摘があった。

この点、伝統的には船員の労務問題は雇用主たるオーナーの専管事項であるとされており、運航スケジュールを設定するオペレーター側に船員の長時間労働の責任が及ぶとの法令上の位置付けは存在しないところである。また、オペレーターとオーナーの間の一般的な契約形態である定期傭船契約においても、商法上、必要な船員を乗り込ませることを含む堪航能力担保義務は、オーナー側に課されるものとされている。定期傭船契約においては、オペレーター側に船員を含め安全配慮義務が生じるとの解釈もあるが、これも制度上明示されているものではない。なお、労働法の観点からも、長時間労働の責任が使用者を超えてオペレーターにまで及ぶとの解釈は困難とされている。

しかしながら、船員の労働時間が、雇用者であるオーナーではなくオペレーターが決める運航スケジュールに左右されるなかで、船員の働き方改革を進め、魅力ある職場環境に変えていくためには、適正な労務管理の実現に向けて、オペレーターによる運航スケジュールの設定と労働時間の管理は密接不可分と考え、施策を講ずるべきである。

　このため安全配慮義務といった契約の解釈ではなく、船員の労働時間をオーナー（雇用者）が適切に管理することを前提として、オペレーターが当該労働時間を勘案して運航スケジュールを設定し、オーナーが労働関連法令を順守できる仕組みを構築することが必要である。

具体例として、

- ・オペレーターに対し、運航スケジュールを設定する際、オーナーが把握した船員の労働時間を考慮することを義務付けること
- ・オペレーターに置かれている運航管理者の業務や責任を明確化するとともに、運航管理者への研修の創設等その質の向上を図ること
- ・オーナーに労務管理責任者（仮称）を置き、運航管理者と連携し、オーナー側からオペレーター側に船員の労働時間が共有される仕組みを構築すること

といった施策が考えられる。この際、運航スケジュールの設定の際に船員の労働時間が法令の範囲内に収まっているか等の確認が容易にできるシステムの開発等も含め、これらの枠組みが円滑に運用されるような施策の検討が必要である。

　また、オペレーターの中には、仮バースの定期的な取得といった、運航スケジュールの改善による長時間労働の是正に取り組んでいる者も見られるため、こうした取組について、ベストプラクティスとして広く横展開していくことが求められる。

2)　荷主の協力促進

　内航海運業者は、船舶の運航に際し、労務、環境、安全等に関するさまざまな法令遵守の義務を負っている。これらの規制は強化される傾向にある中、内航海運業者による法令遵守の取組を実効性のあるものとするためには、内航海運業界の自助努力のみでは対応が難しくなってきており、荷主の協力が必要不可欠である。

　このため経営層を含め、荷主企業に対し、内航海運業界の現状や法令遵守の必要性について理解を得るための取組が必要である。例えば、荷主企業の業界団体において、内航海運業界が国とともに荷主企業に理解を求める機会を設けるなど、内航海運業界と荷主業界が定期的かつ実効

性のある対話の場を設けることが考えられる。

　さらに、働き方改革を実行あらしめるものとするため、1)でオペレーターへの責任を強化しようとすることを踏まえ、実際に運賃、用船料を支払う荷主にも一定の役割を求めていく仕組みも必要である。また、建設業やトラック運送業においては、法律上、発注者や荷主の責務を規定するとともに、これに違反した場合（建設業）や、事業者による法令違反が荷主の行為に起因する場合（トラック運送業）に、国土交通大臣が発注者や荷主に勧告をするとともに、公表できる仕組みが設けられている。

　このため類似の業界構造である内航海運業においても、例えば、
・ 荷主が内航海運業者による法令遵守に配慮する責務を明確化すること
・ 内航海運業者による法令違反が荷主の行為に起因する場合、国土交通
　　大臣が荷主に勧告するとともに、公表できることとすること
といった制度上荷主の協力を担保する仕組みが考えられる。

3)　契約の適正化

　内航海運業は、専属化・系列化が進み、不特定多数の者と同一の内容の契約を結ぶという業態を取ることがほとんどないことから、RORO船やコンテナ船を除き、トラック運送業や建設業のような約款を用いた契約は一般的ではない。このため、国が標準約款を定めてはいないところ、日本海運集会所が、荷主やオペレーターを含む関係者の合意のもと、公平な観点から、各種契約書の書式を作成している。

　しかしながら、国土交通省と日本内航海運組合総連合会が行った調査により、一部の事業者において「書面契約を行っていない」、相当数の事業者が「荷役時の作業について契約上明確に取り決めていない」といった実態が明らかとなっている。例えば、運送契約、用船契約ともに 10%前後が「全く／ほとんど書面契約を行っていない」、3 ～ 4 割程度が荷役時の作業について「全く取り決めていない」と回答している。

　内航海運における適正取引に向けては、オペレーター・オーナー間やオペレーター同士の契約については下請法[20] が、荷主・オペレーター間

---

20 下請代金支払遅延等防止法（昭和31年法律第120号）

の契約には物流特殊指定（独占禁止法[21]の告示）が適用されるが、いずれも事業者の規模等によって対象が限定されている。

こうした議論のさなか、新型コロナウイルス感染症の世界的な感染拡大の影響による産業基礎物資の需要の減少に伴い、2020（令和2）年春には、大手オペレーターが、一律1〜2割の用船料カットに踏み切ったとの報道があった。

こうした状況も踏まえ、荷主・オペレーター間やオペレーター・オーナー間等の取引環境を改善するために、日本海運集会所の書式の適切な使用をはじめ、適正な契約締結を、いかに実効性をもって担保するかが課題と考えられる。

具体的には、例えば、建設業の例も参考に、
・電子的方法又は書面による契約を担保する仕組みを構築すること
・一定の事項（例えば荷役時の作業の役割分担、超過勤務手当の費用分担、乗船人数等）を契約上明確にすることを担保する仕組みを構築すること
といった施策が考えられる。

また、上記調査において、運賃・用船料の充足度と、内訳明示の有無や相手方との交渉の有無に相関関係が見られることが明らかとなっている。例えば、用船料で必要経費を十分に／ほぼ賄えていると回答した事業者の8割近くが「相手側との交渉」で用船料を決めていると回答したのに対し、必要経費を全く賄えていないと回答した事業者の半数近くが「相手から一方的に用船料を提示されている」と回答しており、必要経費を賄えていない事業者については、十分に交渉ができていない実態がみてとれた。このため十分な運賃・用船料の確保に向けて、トラック運送業や建設業の例を参考にしつつ、問題となりうる取引行為（例：通常支払われる運賃より低い運賃の一方的な設定）と望ましい取引行為（例：原価計算を行った上での見積書の提示による運賃協議）の類型を、ガイドライン等の形で整理する等、適正な取引を推進するための施策を検討すべきである。

---

21 私的独占の禁止及び公正取引の確保に関する法律（昭和22年法律第54号）

さらに、契約適正化に向けた取組を企業が主体となって行うことも期待される。具体的には、2020（令和2）年5月18日に開催された「未来を拓くパートナーシップ構築推進会議」[22] において、「パートナーシップ構築宣言」の仕組み [23] を導入し、大企業と中小企業の共存共栄の関係を構築することが合意されたところであり、こうした仕組みに、荷主やオペレーターが積極的に参画し、取引先企業との契約適正化に取り組んでいくことが期待される。そのためにも、国や内航海運業界は、この仕組みを積極的に周知していくことが求められる。このほか、個別の業界においても、例えば、日本鉄鋼連盟が、2020年4月28日に「適正取引の推進に向けた自主行動計画」を策定・公表するなど、業界独自の取引適正化に向けた取組が進められており、内航海運業界も含め、業界団体レベルでの取組も期待される。

（4）　内航海運の運航・経営効率化、新技術の活用

　荷主等との対等な関係を築き、また、荷主等に船員の働き方改革等に伴うコストの負担について理解を得るためには、内航海運業界側での効率化や付加価値の向上といった生産性向上のための取組が必要不可欠である。

1）　所有と管理の分離に対応した仕組みづくり

　内航海運業者、特に一杯船主をはじめとした小規模のオーナーの事業基盤の強化や経営効率化のための手法として、所有と管理の分離は、船員の一括雇用・配乗や、保守に係る部品の一括購入等による効率化と、資産を分散的に保有することによるリスク軽減を両立できることから、現実的な手法と考えられる。

　そこで、国土交通省は、2018（平成30）年に船舶管理会社の業務の品質を向上させるため、告示による任意の登録制度を創設するなど、船舶

22　経済産業大臣、内閣府特命担当大臣（経済財政政策担当）、厚生労働大臣、農林水産大臣、国土交通大臣、日本経済団体連合会会長、日本商工会議所会頭、日本労働組合総連合会会長をメンバーとする会議

23　この仕組みは、個々の企業が、取引先との共存共栄の取組や、下請法に基づく振興基準の遵守を含む「取引条件のしわ寄せ」防止を代表者の名前で宣言するものであり、提出された宣言は、ホームページ上で公表されることとされている。

管理会社の活用を推進してきたところである。

　実際に、船員の配乗・雇用管理業務、船舶の保守管理業務及び船舶の運航実施管理業務を一括して受託する船舶管理会社の活用により、船舶管理や船員教育の効率化が図られているという意見のほか、船舶管理会社に経験や情報が蓄積されることで、安全運航にも寄与しているといった意見、さらには、船舶管理を外注することでコストの見える化が図られるといった意見も挙げられている。

　さらに、現在では、小規模のオーナーの集約化だけではなく、オーナーが事業規模を拡大させたい場合のツールとして船舶管理会社を活用したり、比較的規模の大きいオーナーが新しいビジネスとして他者の船舶管理を行ったりするような、内航海運における多様な事業形態を実現する一つの選択肢として船舶管理会社を活用できるとの指摘もある。

　一方で、船舶管理会社の活用に向けては、現在の任意の登録制度では不十分であるという声や、法的位置付けが不明瞭であることがオーナーにとっての不安材料の一つになっているという意見もあるところである。

　実際、船舶管理契約（委託契約）を用いる狭義の船舶管理会社は、内航海運業法の登録は不要であり、船員法を除く法令は適用されない一方で、裸用船契約を用いるいわゆるマンニング事業者は、内航海運業法の登録を受ける必要があり、船舶安全法等の関係法令の適用対象となるなど、狭義の船舶管理会社の方が負担する責任が軽い制度となっている。

　これらや船舶管理を外部に依頼する事業者が多くなっている現状[24]を踏まえ、基本政策部会は、従来の所有と管理が一体であることを前提とした制度から、所有と管理が分離した場合もあるとの前提に立った制度に転換し、オーナーが船舶管理会社の活用を経営業態の一つの選択肢として安心して選べるよう、マンニング事業者のみならず狭義の船舶管理会社も含めて制度上の位置付けを付与し、そのデメリットも考慮しつつ、これらに同じ責任を負わせることを検討すべきである。

　なお、告示による事業者登録制度の類例として、賃貸住宅管理事業者登

---

24 全国海運組合連合会「暫定措置事業終了後の自由化に対する影響調査報告書（2019年12月2日現在）によると、調査対象隻数（1,404隻）のうち約3割が、船舶管理会社や裸用船契約等「所有と管理の分離」の形態をとっているとのことである。

録制度[25]が存在するが、2020（令和2）年には、賃貸住宅管理業者に登録を義務付ける「賃貸住宅の管理業務等の適正化に関する法律」が成立した。

　こうした施策により、オーナーが、自社による船舶管理に加え、船舶管理会社やマンニング事業者、さらには船員派遣事業者の活用も含め、最適な事業形態を安心して選べる環境整備を図り、事業基盤の強化を目指せるようにすることが必要である。

2)　新技術の活用促進

　内航海運における生産性向上に向けては、新技術の導入を促進し、船員の労働環境の改善や運航の効率化を図っていくことが重要である。

　内航海運においては、機関部の作業の大幅な簡素化に繋がる電池推進船、荷役作業の合理化に繋がる集中制御・監視システム、着桟作業の労働負荷や危険性を低減するデジタル電動ウインチ等、労働環境改善に資する新技術の開発や適用に対する検討が民間主導で進んでおり、実用化も間近となっている。

　とりわけ、特例として機関部職員の1名減による運航を認める制度が運用されている高度船舶安全管理システムについては、長期間にわたる運用の結果、データの蓄積が進んだこともあり、解析能力の向上による異常の早期検知や故障率低減による信頼性向上が実現しており、制度が導入された頃のシステムよりもさらに安全性の向上や船内労働環境の改善に寄与するものとなっていると考えられる。

　また、近年、陸上においてもさまざまな局面でデータの利活用が進められ、技術の高度化のみならず、業務の効率化や経営の合理化等の観点からもデータの重要性が増していることに鑑みれば、海事分野においてデータを収集し、その活用を進めることは、既存技術のさらなるレベルアップ、新技術の開発、新たなサービスの提供、業務の効率化等に繋がるものであり、非常に重要である。

　このため、これらの新技術等について、必要に応じて基準等により安全性を担保する仕組みを構築するとともに、実船での検証等により安

---

25 賃貸住宅管理業者登録規程（平成23年9月30日国土交通省告示第998号）

全性を確保した上で乗組み基準の見直し、船舶検査の合理化等を検討し、内航海運の生産性向上・データの利活用促進につなげていくことが求められる。なお、このように、技術の高度化とその安全確保のための基準等の整備を進め、技術の進展に応じて乗組み基準の見直し、船舶検査の合理化等の運航に関する制度の見直しを進めることは、内航分野への技術の導入促進とそれによる労働環境改善・生産性向上を促進する基本的なフレームワークであると同時に、陸上の監視設備から運航状況等を監視することで運航の安全性を担保するような新たなオペレーション形態にも繋がると考えられることから、船員の多様な働き方の実現にも繋がりうるものである。

3) 船舶の大型化等による物流システムの効率化

内航海運においては、特に鋼材等を輸送する一般貨物船では、499総トンクラスの小型船が中心となっている。この点、仮に大型船、特にRORO船を用いた場合、輸送速度の向上や欠航率低下による計画的な運航、荷役能率の向上等により、大幅に運航効率・荷役効率が向上することが見込まれる。

そこで、RORO船等の新規就航や船舶の大型化等に対応し、さらなる輸送効率化を進めるため、港湾の機能の強化が必要となる。このため新規就航や船舶の大型化等に対応した港湾整備を行うとともに、情報通信技術や自動化技術を活用した輸送効率化を推進する。

また、RORO船等の大型船を活用する場合、一社の荷主企業のみでは十分な積載率に至らない可能性もあることから、複数企業が協力した共同輸送等により、全体のロットを大きくすることも必要となる。これまで、国土交通省においては、物流総合効率化法[26] により、2以上の者が連携した物流効率化の取組を認定し、支援してきたところであり、これまでの認定事例には、食品や日用品といった雑貨貨物について複数の荷主企業が協力して海運モーダルシフトを実現した例もある。このため、今後も同法に基づく認定制度を活用して事業者間連携を促進する中で、産業基礎物資に

---

26 流通業務の総合化及び効率化の促進に関する法律（平成17年法律第85号）

ついても複数の荷主企業が協力する海運モーダルシフトを創出し、共同輸送等の取組の横展開を図ることが必要である。また、2020（令和2）年5月27日に成立した同法の改正により、鉄道建設・運輸施設整備支援機構による物流施設向けの新たな資金貸付制度が創設されたところであるが、同制度の活用等により、陸上輸送と海上輸送を結節する機能を持った物流拠点の整備を推進することが求められる。

なお、国においては、「総合物流施策大綱（2017年度〜2020年度）」（平成29年7月28日閣議決定）が2020年度終期を迎えることから、次期総合物流施策大綱の策定に向けた議論が進められているところであり、こうした場の活用により、内航海運を含めた物流全体のあり方について、総合的に検討が行われることが期待される。

4） 荷役作業の効率化

荷役については、荷役の頻度が高い場合や1回あたりの荷役時間が長い場合は、押し並べて労働時間が長時間に及ぶなど、労働時間の長さが荷役のあり方と深く関係するとの指摘がある。また、荷役作業について契約での明記に加え、生産性向上の観点から、荷役の改善による「業務の見直し」も必要である。

このため、既述の、労働時間における荷役の取扱いといった船員の働き方改革の観点からの検討や、契約における荷役の責任分担の明示といった荷主等との取引環境の改善の観点からの検討を進めると同時に、荷役作業そのものの効率化に向けた取組も必要である。

国土交通省の調査によると、例えば、

・ タンカーでは、手動でのバルブ開閉やタンク内の貨物の凝固等が荷役やタンククリーニングにおいて負担になっている
・ 貨物船では、重いダンネージの片付けや非効率な配船による荷待ち時間の長さが負担となっている

といった声があった一方、荷主やオペレーターとの協力のもと、

・ 特殊なポンプや配管の導入により貨物の凝固を防ぎ、タンククリーニングの負担を改善
・ バルブ開閉を自動化

・ ダンネージを軽い素材に変更

・ 効率的な配船により荷役時間を短縮

した例が見られた。今後、こうした取組事例をベストプラクティスとして横展開し、内航海運全体の荷役の効率化につなげていくことが求められる。

5) 既存船舶のスペースの有効活用

内航船については、「内航未来創造プラン」に基づき、総トン数499トンクラスの貨物船について、船員確保の目的で居住区を拡大したことにより、総トン数500トン以上510トン未満となった船舶に対し、一部の安全要件について500トン未満と同等とする緩和措置が設けられた。この緩和措置を活用し、船室を増やす取組が進められているが、既存の船舶については、大幅な改修が必要となるため、既存船舶を活用した船室増設を進めづらい状況にある。

また、船員養成を実施する民間団体からは、研修生の乗船実習時に必要となる予備の船室を保有する船舶の確保が大変との切実な声もあがっている。

一方で、総トン数200トン以上のほとんどの内航船には、事務室の設置が義務づけられているが、内航海運業者からは、これが物置となってしまっているとの指摘がされている。事務室は、海上の労働に関する条約（MLC条約）において、すべての船舶に設置が義務づけられているものの、総トン数3000トン未満の船舶については、船舶所有者団体及び船員団体との協議が整えば、当該義務の適用を除外することができる。実際、総トン数200トン未満の内航船に関しては、船舶設備規程（昭和9年逓信省令第6号）において、事務室の設置義務は課されていないところである。

このため関係する船舶所有者団体及び船員団体との協議が整えば、総トン数200トン以上の船舶についても事務室の設置義務を緩和し、これを船員室として活用できることとし、船体の大規模な改造なく、船員育成のためのスペースの確保が可能とすることを検討すべきである。

(5)　内航海運暫定措置事業終了後の業界のあり方

1)　内航海運組合のあり方

　内航海運暫定措置事業は、日本内航海運組合総連合会が、その中核的な事業として実施してきたが、本事業の終了後も、日本内航海運組合総連合会をはじめとする内航海運組合は、我が国の物流の一翼を担う内航海運業の業界団体として、業界をめぐる諸課題の解決に取り組むことが求められる。例えば、日本内航海運組合総連合会からは、本事業終了後に業界が果たすべき役割として、

・安定輸送を確保し、荷主への輸送責任を果たすべく、船員の確保を図ること
・生産性向上に向け、大型化・共同輸送等について、関係者間の連携により物流システムの改良を図ること
・コンプライアンスを徹底するため、各種研修会や啓蒙活動を実施すること
・コンプライアンスを維持するため、取引環境の改善を図ること

が挙げられた。これらについて、国も荷主等の関係者に理解を求める等、側面支援を行っていくことが求められる。

　また、この他にも、業界団体のあり方として、

・船員のキャリア形成を見える化する仕組みを業界で整備してはどうか
・安定輸送や生産性向上に向けたデータ収集の機能が必要ではないか
・内航海運の役割の大きさをもっと世間にアピールするべきではないか

といった指摘もあり、今後内航海運業界において、国とも連携しつつ、検討が進められることが期待される。

2)　セーフィティネットの必要性

　内航海運は、船舶への投下資本がトラック等に比べて莫大であり、その回収には長期間を要し、かつ、船舶の減価償却期間が長いこと、さらに、係船して一時的に運航を停止するにしても、係船費用や船員費等の固定費がかかるため、原価を割り込んだ状況にあっても市場から撤退しにくいこと等から、不況時に迅速に供給量を調整することが困難である。実際に、

2008（平成20）年のリーマン・ショック後は、船腹量が大きく変わらない中、輸送量の急落とともにスポット運賃・月別運賃水準が急激に下落した。こうした状況下において、2009（平成21）年には、内航海運暫定措置事業において解撤等交付金の対象から一度除外した船齢16年以上の老齢船についても一時的に交付金の交付対象とする「内航海運老齢船処理事業」を実施し、老齢船の撤退による船腹量の引き締めを図った。

　このような、内航海運の特殊性を踏まえ、急激な景気変動時に対応するためのセーフティネットとして、内航海運組合法における船舶の供給量の調整に係る規定を引き続き存置しておくことが適当である。なお、内航海運暫定措置事業がまもなく終了することに鑑み、内航海運業界は、セーフティネットの存在に甘んじることなく、仮に供給量を調整するに至った場合でも、説明責任を尽くす等の姿勢が求められる。

まとめと今後の課題

最後に、これまで述べてきたことを要約し、参考文献等の意見を踏まえながら本書の要点をまとめ、今後の課題について述べる。

7.1 | 内航海運の現状

内航海運の輸送活動量（トンキロ）は、国内貨物輸送の約44%（図1.4、5ページ）を占め、長距離大量輸送に適した重要な役割を担っている。また、内航船は、トラックや飛行機などと比較してエネルギー消費量も低く（図1.9、13ページ）、二酸化炭素排出量も少ない（図1.10、13ページ）ため、内航海運は環境にとって重要な輸送モードといえる。

内航船の隻数は、5,225隻（2020（令和2）年3月31日現在）である。その内、総トン数100トン以上500トン未満の船舶が2,295隻であり、全体に占める割合（約44%）が最も多い（表3.4、71ページ）。

内航海運業界で内航運送を行う事業者の区分は、総トン数100トンを境に届出業者と登録業者に分かれている。総トン数100トン未満の船舶を使用する事業者は届出の必要があり、総トン数100トン以上の船舶を使用する事業者は登録が必要である（図2.20、55ページ）。また、内航海運業者には、荷主と運送契約を結び内航運送を行う運送業者と内航運送に使用する船舶の貸渡しを行う貸渡業者が存在する。

内航海運業界は、資本金5,000万円未満の法人及び個人が約85%を占めている（表3.6、77ページ）。

7.2 | 内航海運の課題

内航海運業界が抱える喫緊の課題は、船員の高齢化と内航船の老朽化（船齢14年以上）であるという。しかし、定期的な保守を適切に行う船主にとっては、船舶を長期間使用する方が経済的である場合もあり[1]、船齢だけで課題と判断

---

1 三木孝幸：「内航海運経営と船舶管理の展望」，『海運』，第992号，pp.22-19，2010年

することはできない。また、総トン数100トン以上の船舶事故の発生率が高くなっており（図3.5、73ページ）、その船舶の事故の原因の約8割がヒューマンエラーによるもの（図3.6、73ページ）であることを考慮すると、船舶の老朽化が船舶事故に与える影響は少ないと考えられる。

　内航船員は、50歳以上の高齢船員が全体の約52%を占めており、この内の半数以上（全体の28.4%）が60歳以上の船員である（表3.1、61ページ）。このため、現在、船員の有効求人倍率は、3年連続で2倍を超えており（図3.3、65ページ）、船員不足が深刻化している。

　また、未組織船員では、高齢船員の割合が多くなっており（図3.2、62ページ）、50歳以上の高齢船員は、船員災害の発生率が高くなっている（図3.7、75ページ及び図3.8、76ページ）。総トン数500トン未満の内航船の約97%が未組織船員の乗り組む船舶であること（63ページ）を考慮すれば、総トン数500トン未満の船舶では、高齢船員の災害は一つの課題といえる。

　これらのことから、総トン数100トン以上500トン未満の船舶（以下、小型内航船という）は、安全運航上の課題が集中していると考えられ、この船舶を管理している事業者は、課題解決に向けた対策を講じる必要がある。

7.3 | 内航海運の課題解決のために行われてきた政策

7.3.1　安全管理実現のための政策

　船舶運航における安全上の課題に対しては、安全管理システムを導入するなどして、組織的な安全活動を行うことが重要である。

　現在、内航海運業界で法的に義務付けられている安全管理システムは、国土交通省が他の交通モードと共に一斉に導入した運輸安全マネジメントのみである。運輸安全マネジメントは、運送業者に対して、安全管理規程の提出や安全統括責任者の選任・届出を求めている。しかし、船舶を実際に管理する貸渡業者や船舶管理会社は、運輸安全マネジメントにおける安全管理規程の提出や安全統括責任者の選任・届出を求められていない。

　内航海運業界に対しては、船舶運航者と船舶所有者が異なる場合や、船舶管理を別の会社で行っている場合等、複雑な運航管理・事業運営を行っている場

合があるため、末端の管理船舶まで運輸安全マネジメントの取り組みが浸透していないことが指摘されている。また、小型内航船を管理する事業者のほとんどは、任意 ISM コードの認証を受けていない（表4.7、94 ページ）。

内航海運業界構造は、荷主を頂点としたピラミッド構造で示される。内航海運業界のピラミッド構造（図2.9、42 ページ）の下層に存在する貸渡業者の約59％が1隻の船舶のみを貸渡す事業者であり（表3.8、79 ページ）、また、貸渡業者の船腹量は、約50％が総トン数500トン未満である（図3.10、79 ページ）。

船員問題、船員災害、船舶事故というさまざまな課題を抱える小型内航船の関係事業者の9割が中小零細事業者であり、安全管理システムが導入されていないことを考慮すると、小型内航船を管理する事業者が安全管理体制の構築に向けて安全管理システムの導入に関して共同することや内航海運業界内が小型内航船を管理する事業者の安全管理体制の構築を支援する必要があると考えられる。

7.3.2　中小零細事業者のための政策

このため、国土交通省は、中小零細事業者のための政策として、船舶管理会社を活用することによって中小零細の内航海運業者がグループ化することや、事業展開の多様化・円滑化を図ることを推奨してきた。

当該政策を進めるに当たって各地で説明会を行い、2008（平成20）年には、船舶管理会社を活用したグループ化の実例を説明した『内航海運グループ化のしおり』と具体的なグループ化の方法を示した『内航海運グループ化について＊マニュアル＊』を発表する等した。しかし、思うような効果が得られず、2012（平成24）年、国土交通省は、船舶管理会社を利用する者が、船舶管理会社を選びやすくするように、船舶管理会社が行うべき船舶管理業務の具体的な内容を示し、船舶管理業務の定義や基準を示した『内航海運における船舶管理業務に関するガイドライン』を発表した。

さらに、翌2013（平成25）年、船舶管理会社が管理ガイドラインに適合しているかを評価するための『内航海運船舶管理ガイドライン適合性評価システム』を発表し、評価のためのチェックリストの提供を始め、その評価結果を国土交通省のホームページに掲載できることとしたが、評価結果を提出した船舶管理会社は、存在しなかった。

7.3.3　内航海運業界に対する政策

　内航海運業界は、カボタージュ規制により、他国籍の船舶による内航輸送が規制され、日本国籍の船舶を使用して内航運送を行う内航海運業者が保護されてきた。また、閣議決定により日本船籍の船舶には、日本人船員しか乗船できないこととなっているため、内航船が存在する限り内航船員の職域は確保されている。

　一方で、内航海運業界は、1950年代から、事業者の乱立や船舶の過剰による課題を抱えており、内航政策は、これらの課題に対応するためのものであった。事業者の乱立に対しては、内航運送を行う事業者の船腹量を規制し、事業を許可制にするなどし、船舶の過剰に対しては、船腹調整事業が行われ、国が適正な船腹量の指針を示し、日本内航海運組合総連合会がその指針に合わせた船腹調整を行い過剰な船舶建造が行われないようにしていた。

　しかし、1998（平成10）年、国内の規制緩和の流れの中で、内航海運の船腹調整事業が、内航海運業者の事業規模拡大や新規参入等の業界構造改革の妨げになっていることが指摘され、船腹調整事業は廃止された。ただし、長期間実施された船腹調整事業によって、新規参入が規制されていたため既存船舶に対する営業権的な資産価値が発生しており、銀行等もそれを担保に融資を行っていたため、船腹調整事業によって生まれた営業権を緩やかに解消していくための暫定措置事業が導入された。

　暫定措置事業は、既存船を解撤等する事業者に交付金を渡し、新造船を建造する事業者から納付金を受け取り、その差額（納付金の方が高い）で船腹調整事業の解消を図るものである。暫定措置事業開始直後は、景気が悪く代替建造が進んでいない状況が続いたため、解撤等の交付金に対して、新造船の納付金が著しく少ない状況となっていたが、2015年に交付金制度が廃止され、最近では、順調に代替建造が進み、日本内航海運組合総連合会によれば、暫定措置事業は、2022（令和4）年8月に終了する見込みであるという[2]。

---

2 日本内航海運組合総連合会：『令和2年度版 内航海運の活動』，p21，2020年7月

7.4 | 内航未来創造プラン

　このような状況の中、内航海運の活性化に向けた今後の方向性検討会は、今後概ね10年間を見据えて内航海運が目指すべき将来像を提示するにとどまらず、内航海運の現在抱える課題の大きさも踏まえ、目指すべき将来像の実現のために必要な取組についても、事業運営、船員、船舶、港湾といった海事関係分野全般において具体的施策まで踏み込んだ検討を行い、その成果として、2017（平成29）年6月に「内航未来創造プラン」を発表した。内航未来創造プランには、船舶管理会社の活用政策の課題解決に向けた新たな登録制度の導入や暫定措置事業終了後の新しい内航海運の制度設計への議論を行うことなどが包括的に盛り込まれた。

7.4.1　登録船舶管理事業者制度

　内航未来創造プランの提起により船舶管理事業者の登録制度が議論され、その結果、2018（平成30）年4月より、『登録船舶管理事業者規程』（国土交通省告示 第466号）に基づく船舶管理事業者の登録制度が導入された。この制度は、船舶管理会社が対象である船舶管理ガイドライン及びその評価制度に代わるものであり、任意ではあるが、国土交通省へ船舶管理事業者として登録を認めるというものである。

　ガイドライン評価制度では、評価結果を提出する事業者が存在しなかったが、登録船舶管理事業者制度では、2020（令和2）年7月13日現在で28者[3]の登録が認められており、船舶管理会社の活用の推進を行ってきた国土交通省としては、一定の成果が得られたといえる。

　しかしながら、2020（令和2）年9月現在、登録船舶管理事業者の初回の登録更新時期が、2021（令和3）年4月以降に迫っているにも関わらず、登録更新時において必要な自己評価や第三者評価についての方向性の詳細は発表されていない。

---

3 国土交通省 海事局：「登録船舶管理事業者一覧」，オンライン，https://www.mlit.go.jp/maritime/maritime_tk3_000057.html，2020年9月28日参照

7.4.2 　安定・効率輸送協議会

　内航未来創造プランは、関係者が内航海運における構造的課題について、中長期的視野に立ち問題意識を共有し取り組んでいく体制として、産業基礎物資の品目（鉄鋼、石油製品、石油化学製品等）毎に、荷主企業、内航海運業者（オペレーター及びオーナー）、行政等から成る「安定・効率輸送協議会」を設置し、定期的に開催するとした。

　当該「安定・効率輸送協議会」は、2018（平成30）年2月13日に第1回の会議が開催され、協議会の開催趣旨等、内航海運の現状について説明が行われた。また、同月の下旬には、輸送品目ごとの石油製品部会、石油化学製品部会、鉄鋼部会の第1回目の会議が開催された。

　その後、2019年5月に内航海運における SOx 規制強化への対応状況について共有及び意見交換を行うとともに、内航船員の労働実態調査の結果について国土交通省から情報提供を行うことを目的として3つの部会（石油製品部会、石油化学製品部会、鉄鋼部会）の合同会議が開催された。しかし、2020（令和2）年9月末の時点で、当該合同会議の議事概要は公開されておらず、安定・効率輸送会議及び3つの部会について、その後の会議は開催されていない。

7.5 　内航海運の安定的輸送に向けた新たな針路

　内航未来創造プランが公表され3年が経過した2020（令和2）年、9月から10月にかけて、船員の働き方改革を含めた今後の内航海運の方向性を示すとりまとめが順次公開された。図7.1 は、その全体像のイメージである。

　とりまとめは、内航海運をとりまく現状として、「内航海運暫定措置事業の終了」、「船員の高齢化と船員不足の懸念」、「荷主との硬直的関係脆弱な事業基盤」、「自動運航技術等の新技術の進展」があり、若年船員の定着等による船員の確保に加え、荷主等との取引環境の改善や内航海運の生産性向上が必要であり、このような現状の中で、「荷主のニーズに応え、内航海運の安定的輸送を確保するため」には、「内航海運を支える船員の確保・育成と働き方改革の推進」、「内航海運暫定措置事業終了も踏まえた荷主等との取引環境の適正化」、「内航海運の運航・経営効率化、新技術の活用」といった取り組みを行っていく必要があるとした。

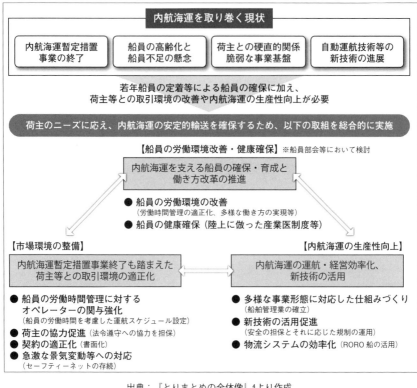

出典：『とりまとめの全体像』[4]より作成

図7.1 基本政策部会中間とりまとめ・船員部会とりまとめの全体像

7.5.1 内航海運を支える船員の確保・育成と働き方改革の推進

　内航船員の働き方改革に関しては、「船員の労働環境の改善」について船員部会において検討され、「労働時間の範囲の明確化、見直し」、「労働時間管理の適正化」、「休暇取得のあり方」、「多様な働き方の実現」、「船員の働き方改革の実現に向けた環境整備」について方向性が示された。また、「船員の健康確保」については、船員の健康確保に関する検討会において検討され、「船員の健康診断のあり方」、「船員の過重労働に向けた対策」、「メンタルヘルス対策」、「船員

---

4 国土交通省 海事局：『とりまとめの全体像』，オンライン，https://www.mlit.go.jp/policy/shingikai/content/001364126.pdf，2020年9月24日参照

向け産業医」、「小規模事業者における健康管理の促進」について実施すべき事項が示された。

内航船員の育成に関しては、基本政策部会の中間とりまとめにおいて、海技教育機構による規模の拡大の検討を進めることに加え、内航海運業界を挙げて民間型六級養成を支援し、船員を安定的に確保していくことが必要であるとされた。

7.5.2　内航海運暫定措置事業終了も踏まえた荷主等との取引環境の適正化

基本政策部会は、内航海運業界で船員の働き方改革を実現するためには、運航スケジュールを設定するオペレーターや、最終的にコストを負担する荷主の理解と協力が不可欠であり、また、内航海運暫定措置事業の終了により、船舶売却時の収益に頼らない「稼げる内航海運」へ変革していくために、適正な運賃・用船料が収受でき、持続可能な事業運営が実現できる環境整備が必要となるため、荷主やオペレーターとの取引環境の改善が不可欠であるとし、「船員の労働時間管理に対するオペレーターの責任強化」、「荷主の協力促進」、「契約の適正化」について、その方向性を示した。

また、内航海運は、船舶への投下資本がトラック等に比べて莫大であり、その回収には長期間を要し、かつ、船舶の減価償却期間が長いこと、さらに、係船して一時的に運航を停止するにしても、係船費用や船員費等の固定費がかかり市場から撤退しにくいこと等、不況時に迅速に供給量を調整することが困難であることから、急激な景気変動時に対応するためのセーフティネットとして、内航海運組合法における船舶の供給量の調整に係る規定は、引き続き存置しておくことが適当であるとした。

7.5.3　内航海運の運航・経営効率化、新技術の活用

「内航海運の運航・経営効率化、新技術の活用」については、基本政策部会で検討され、荷主等との対等な関係を築き、また、荷主等に船員の働き方改革等に伴うコストの負担について理解を得るためには、内航海運業界側での効率化や付加価値の向上といった生産性向上のための取り組みが必要不可欠であるとされた。

具体的には、これまで進めてきた船舶管理会社の活用について、従来の所有と管理が一体であることを前提とした制度から、所有と管理が分離した場合も

237

あるとの前提に立った制度に転換し、オーナーが船舶管理会社の活用を経営業態の一つの選択肢として安心して選べるよう、マンニング事業者のみならず狭義の船舶管理会社も含めて制度上の位置付けを付与し、そのデメリットも考慮しつつ、これらに同じ責任を負わせることを検討すべきとした。

　また、内航海運における生産性向上に向けて新技術の導入を促進し、船員の労働環境の改善や運航の効率化を図っていくことが重要であるとし、「船舶の大型化等による物流システムの効率化」、「荷役作業の効率化」などが求められるとした。

7.6 今後の課題

　船員部会における「船員の労働環境の改善」、船員の健康確保に関する検討会における「船員の健康確保」の議論では、使用者側の委員から船員労働の特殊性を考慮した制度設計を求める意見が多く聞かれた。これに対し、座長や公益委員からは、船員労働の特殊性を理由として船員と陸上労働者とで労働時間の該当性や受けられる医療支援などに差が生じることがあってはならない旨の意見が聞かれた。

　また、基本政策部会では、荷主等との取引環境の改善を行い、適正な運賃・用船料の確保ができる内航海運を目指すとしているが、内航未来創造プランの具体的施策である荷主企業と内航海運業者の連携を図り、「持続的・安定的な船員の確保・育成、円滑な船舶建造や安全・効率的輸送の促進に寄与」するための「安全・効率輸送協議会」は、2019年5月の会議を最後に開催されていない。

　さらに、日本内航海運組合総連合会が発表した2020年9月期の建造等申請状況において、499総トンクラスの船舶が11隻であるのに対し、509総トンクラスの船員育成船舶はわずか2隻[5]であった。

　このため、船員の働き方改革で問題となった船員労働の特殊性、荷主やオペレーターとの取引環境が与える安全面での影響について述べ、最後に船員育成の課題について提案する。

---

5 内航海運新聞社：「9月期建造等申請締切る（内航総連）」,『内航海運新聞』,第2653号,p4,2020年9月28日

7.6.1　船員労働の特殊性

　まず、安全な社会の現実に向けたさまざまな取り組みがなされる中で、最も認識すべきことは、人がシステムの重要な要素となることである。個々の人が適切に役割を果たし、機能しなければ、安全な社会を実現することは難しい。したがって、安全な組織や社会の中でどのように行動すべきであるかを含め、人の特性や限界を十分に理解しておく必要がある[6]。船舶事故の8割以上の原因がヒューマンエラーであることからも、人（船員）に課せられた責任は重い。

　しかしながら、船員労働は陸上労働と異なり、海上を交通路・労働環境とする特殊性がある。また船舶は、さまざまな危険要因が潜む環境で、陸上から物的・人的な支援が困難な状態に置かれている。さらに、内航海運は、外航海運と異なり貨物の積地と揚地が国内にあり、航海の時間が極めて短いという特徴がある。特に不定期航路の小型内航船員は、切り詰められた運航スケジュールと揚げ積みの短縮等により、不規則な労働と少ない定員による長時間労働が課せられている 。このような内航船員の労働は、他の交通労働や陸上諸産業の労働に比して、一段と過酷であるともいえる[7]。

（1）安全最少定員での運航

　　「船舶職員及び小型船舶操縦者法」は、船舶の総トン数、航行区域、機関出力等により、船舶職員の必要な資格を定めている。また、「船員法」は、船舶を安全に運航するための必要最小限の船員の人数とその資格を定めている（以下、安全最少定員という）。例えば、総トン数200トン以上500トン未満のいわゆる499総トンクラスの小型内航船で、航海時間が16時間を超える場合の安全最少定員は5名であり[8]、この安全最少定員の5名で運航されている船がほとんどであるという[9]。

---

6 鳥居塚崇：「人間を知る」，『日本信頼性学会誌 信頼性』，第36巻，第2号，pp.90-97，2014年
7 船員問題研究会：『現代の海運と船員』，成山堂書店，pp.1-18，pp.71-86，1987年
8 国土交通省海事局：『船員法の定員規制について』（平成18年2月7日付 国海働第152号改正），2006年
9 海技振興センター：『次世代の海技者に求められる技能及び資質に関する調査研究 最終報告書』，p13，2013年

　外航海運の船長は、航海当直の人員に含まれていない一方で、安全最少定員で運航されている小型内航船は、船長自身が航海当直要員として当直に立つと同時に、出入港時、狭水道等においても船橋で自ら指揮にあたらなければならない（船員法 第10条）。内航海運における出入港及び狭水道等の多さは、船長の労働時間を増大させている。荷役を担当する一等航海士は、停泊時における休息が不足がちとなる[10]。さらに、小型のタンカーの場合は、乗組員全員で荷役を実施し、停泊中における保守整備のための作業時間が確保できないとともに乗組員全員の休息時間が限られてくる[11]。

（2）一般社会から隔離された船員の生活環境

　船員の居住空間は、常に動揺し、気象、海象の変化に伴う温度、湿度の変化、機器類の騒音や振動の影響を受け、内航船員の生活環境は、決してよいとはいえない。少人化された小型内航船では、法定職員外の人員である料理を担当する司厨員は乗船していないことが多く、小型内航船の食事は、交代での炊事または自炊が一般的である。航海時間が短く過密スケジュールである内航海運は、限られた休息時間を炊事に充てる余裕などなく、自炊の場合には、冷凍食品やレトルト食品等の健康面でも偏りがちな食生活となり、食生活のいらだちは、船内不和を招くことも多い[12]。さらに、航行区域によっては、「テレビが映らない」、「携帯電話が圏外」、「新聞・雑誌が買えない」など、さまざまな情報から隔離されざるをえない職場環境といえる[13]。労働が終われば休息に向けての準備（食事、入浴など）が必要であるし、発電機や主機関の騒音の中で、部屋の電気を消すのみですぐに眠れるわけではない。

　このような生活環境にあって、内航船員は、家族から離れ、社会からも

---

10 日本海事センター：「内航海運における安全確保のための船舶管理のあり方について」、『内航船舶管理の効率化及び安全性の向上に関する調査研究報告書』、pp.124-132、2010年

11 日本海難防止協会：「ある内航タンカーを取り巻く人々と日常を追って」、『海と安全』、第562号、pp.39-47、2014年

12 旗手安男：「船員の立場から」、『輝け！内航海運』、株式会社 学術出版印刷、pp.58-68、1996年

13 旗手安男：『「潮」の香りに乗せて「心」をつなぐメッセージ』、文芸社、pp.3-4、2012年

離れた生活を送っている。陸上の単身赴任者に関する研究[14]では、単身赴任者は家族というストレスの緩和要因を失うことで生活習慣が悪い方へ変化し、有配偶単身赴任者においては食生活などの生活習慣が好ましくない者が多く、ストレス状況のイライラ感と不安感、抑うつ感が高く、健診結果において脂質関連の数値が高いことが指摘されている。さらに、内航船員に対するストレスに関する調査[15]においては、甲板部（航海士及び甲板部員）では、運航スケジュールにより上陸できず陸上での気分転換ができないこと、機関部（機関士及び機関部員）では、入出港前のスタンバイの時間が長く、入出港が頻繁となると仕事量が多くなり、機関整備に十分な時間を割くことができず、機関の不調でイライラすることが精神的健康度に影響していると指摘されており、内航船員は、船内の人間関係の不満が精神的な負担を増していることも示唆されている[16]。

　船員は、陸上社会・家族から隔離され、社会機構の恩恵を受けることが少ない。さらに船員法には、船長の指揮命令権が定められているなど、秩序維持のための規律（船員法 第21条）が強調されている。「労働の場」と「生活の場」が同一で、仕事からの開放感が得られず、公私のけじめがつけにくく、「船」という特殊な小社会を形成しており、仕事と生活の場における人間関係が複雑となる[17]。また、船員を継続的に乗船させておくことで船舶の運航スケジュールが確保されているため、船員らの人間関係は、乗船から下船まで好むと好まざるとにかかわらず長期（通常3か月）に亘って続くこととなる。

(3) 特殊な運航環境

　船員は、気象・海象が変化する中で船上において多様な作業に従事しな

---

14 森山葉子・豊川智之・小林廉毅・井上和男・須山靖男・杉本七七子・三好裕司：「単身赴任者と家族同居者における生活習慣,ストレス状況および健診結果の比較」，『産業衛生学雑誌』，第54巻，pp.22-28，2012年

15 加藤和彦：「船員の船内就労とストレス」，『日本航海学会論文集』，第113号，pp.239-247，2005年

16 海技振興センター：「船員のメンタルヘルスに関するアンケート調査結果報告書のまとめ」，『船員のメンタルヘルスに関するアンケート調査結果報告書』，pp.116-118，2019年

17 竹本孝弘・森勇介・神下大輔：「船員災害ゼロを目指す安全管理」，『航海訓練所 調査研究諸報』，第14号，pp.93-130，2006年

ければならない[18]。また、船舶は、海洋にあってあらゆる地点を移動するため、常に動揺し、気温・湿度の変化も大きい。このため、船員は、常に天候等の自然環境に影響される危険と背中合わせであり、極めて特殊な労働環境で運航を実施している。

　船舶は、海洋という自然環境を航行する。そこは、単に貨物船の航行路であるだけでなく、漁業を行う生産空間でもあり、プレジャーボートなどの遊びの空間でもある。トラック（貨物自動車）のように信号等で管制され決められた道路上を走るわけでもなく、飛行機のように高度な陸上管制と自動化機器による航行援助が実現されているわけではない。ましてや、鉄道のように決められたレールの上を高度な自動管制システムによって制御されて走っているわけでない。船長は、気象・海象、地形、海流などを考慮して、航海ごとに航路を定めるが、航海当直者は、風や海流の影響を受けながら、航路障害物が予想される見えない航路を漁具や筏、縦横無尽に航行する漁船、他船を避航し船を目的地まで安全に航行させるという臨機応変の対応が求められている。

（4）船舶の保守環境

　船舶は、船舶安全法に基づく船舶の堪航性を保持し、かつ人命の安全を保持するために必要な検査（定期検査、中間検査等）を受けなければならない。船舶安全法に定められた検査と検査の間には、船員による日常点検が船長の指揮の下で行われ（船員法 第8条、発航前の検査）、船員は、定期的な保守整備、突発的な故障に伴う海上での修理を行っている。

　船員によって行われる日常的な保守整備は、船舶各部における塗装の保持作業（水洗い、錆落とし、再塗装など）、揚錨機・係船機など甲板機器類の駆動部へのグリスアップ、係船索の摩擦に伴う保守、主機関などに使用する燃料の前処理（不純物の除去、粘度調整など）、各種濾器の掃除などがあり、機関部（機関士及び機関部員）だけでなく、甲板部（航海士及び甲板部員）を含む全乗組員で保守作業を行っている。海運は、他の輸送モードに見られない輸送手段の保守を運転者自身が主体となって行う特徴的な輸送モードである。

---

18 久宗周二・福司光成・木村暢夫：「船員の労働災害対策に関する研究」，『日本航海学会論文集』，第127巻，pp.111-116，2012年

　内航海運業界は、船齢14年以上の老齢船が隻数比の約7割を占める。特に、総トン数500トン未満の小型船を中心に老齢化が進んでいる[19]。このため新造船に比べて故障の発生件数や保守に費やされる時間が長くなる。内航海運は、船積み港と荷揚げ港が共に国内であることから、外航海運と比較して、陸上からの支援の充実策により船員の船舶保守管理への負担を軽減することが可能になる。しかし実際には、その具体的改善策は取られておらず、これまでの内航船員制度近代化における促進側の主張はコスト論を盾に、限定された乗組員へ自己完結性を強いる内容となっている[20]。

　さらに、海難審判において、内航船機関損傷の多くが管理・点検が十分でないために発生したと指摘されている。その中で、潤滑油の性状及び油量の管理不十分、過給機の運転管理不十分、主機の冷却水温度管理不十分によるものなどが目立っている[21]。これは、限られた整備作業時間の中で機器の機能保持に必要な作業が船員によって十分に実施されていないこと、あるいは船員が十分な管理能力を有していないことを示す結果であり、機器の故障という症状が発生してから対応するという後手の保守形態が多いことを示す。

　したがって、船舶の堪航性や良好な状態を維持するためには、信頼性の高くメンテナンスフリーの機器の導入や陸上支援の充実などが必要となる。それを行わず、これまでどおり船員への保守整備を求めるのであれば、船員の労務負担の軽減や船員の能力の維持、作業環境の整備や作業時間の確保が必要である。

7.6.2　内航海運の業界構造の影響による安全管理体制確保の困難性

　海運事業者が安全管理体制を構築する場合、協力会社を含めた形で安全の確保に関するPDCAサイクルを適切に機能させる必要があるという[22]。

　内航海運業界の取引先である荷主は、その多くが鉄鋼、石炭、セメント、石灰石など産業基礎物質を取り扱う巨大企業であり、主要貨物ごとの分割された

19 日本内航海運組合総連合会：『令和2年度版　内航海運の活動』，p9，2020年
20 雨宮洋司：「内航海運における船員制度近代化「運動」の課題 －外航船員制度近代化「運動」からの教訓－」，『海運経済研究』，第35号，pp.109-127，2001年
21 海難審判庁：「機関損傷編」，『内航貨物船海難の分析 乗揚・機関損傷編』，海難分析集No.5 Vol.2，pp.81-113，2005年
22 長谷知治：「国内海運に係る運輸の安全確保について」，『日本海洋政策学会誌』，第4号，pp.88-105，2014年

市場は、荷主の優位性が発揮されやすい構造である。自由運賃であるべき内航運賃は市況に左右されやすく、荷主の強い物流コスト削減のニーズを受け、内航海運業者にとって厳しい経営状況が続いている。荷主は、安定輸送の確保を目的に特定の運送業者と年間を通じた元請運送契約を結び、この元請運送業者が他の運送業者及び貸渡業者に実際の輸送を委ねるという縦の系列が確立されている。このため、内航海運業界は、特定荷主の系列化、重層的な取引関係など荷主企業を頂点としたピラミッド構造で表されている[23]。さらに、小型内航船業界では、輸送に使用する船舶の運航・管理・所有・契約が多重構造という特徴があり、船員は、船舶を実質的に管理するオーナーオペレーター、船主、みなし事業者、船舶管理会社に雇用されている他、船員派遣元事業主に雇用されるなど、別々の会社で雇用されている場合がある。図7.2は、これらの契約関係と業界構造を整理したものである。

　運送業者は、運輸安全マネジメントに基づく、①安全管理規程の提出、②安全統括管理者の選任・届出、③安全管理規程の履行を行わなければならない。また、安全管理規程に付随して、運航基準や事故処理基準を定めなければならない。ただし、図7.2に示した二次請運送業者及び三次請運送業者は、元請運送業者が策定した運航基準や事故処理基準などと矛盾しないようこれらの基準を策定しなければならない。

　一方で、運送業者に用船されている船舶を管理している船主・みなし事業者・船舶管理会社も、運送業者が策定した運航基準や事故処理基準に準じた船舶管理を行わなければならない。これに対し、船舶を管理することになる船主、みなし事業者、船舶管理会社は、任意ISMコード認証を取得することが可能であるが、この場合においても、管理する船舶を運航する運送業者の運航基準や事故処理基準などに準じて、管理船舶のSMSを構築しなければならない。

　したがって、内航海運業界は、業界構造や契約関係が複雑であるだけでなく、安全管理システムの関係を十分に理解した上で運用する必要があり、特に複数の船舶を管理する事業者にとって、業務負担が大きく複数の管理船舶を行き来する船員にとっては、それぞれの船舶の安全システムの違いにより迷いが生じる恐れがある。

---

23 鈴木暁・古賀昭弘：「内航海運の取引形態」，『現代の内航海運』，成山堂書店，pp.80-87，2007年

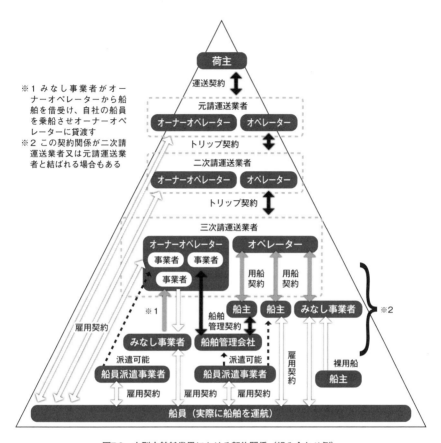

※1 みなし事業者がオーナーオペレーターから船舶を借受け、自社の船員を乗船させオーナーオペレーターに貸渡す
※2 この契約関係が二次請運送業者又は元請運送業者と結ばれる場合もある

図7.2　小型内航船業界における契約関係（組み合わせ例）

　なお、船舶運航システムは、すべてが自動化されているわけではなく、海洋・気象の変化に対応する船長の航路選択、そして機器の故障への対応と洋上での整備による継続運航等々で乗組員の業務内容は、状況に応じてその都度変化し、多岐多様にわたる。このため、安全管理システムに見られるマニュアル化やチェックリストは、限られた乗組員へ仕事量の追加が生まれるだけで、すべての場面に対処できるわけではなく、ヒューマンエラーを回避できるかどうか疑問である[24]。また、船舶安全運航の技術的確保が経験船員によって担われて

---

24 雨宮洋司：「商船学の基礎とその社会的適用」，『海事産業研究所報』，No.386，pp.27-44，1998年

いること[25]を考慮すれば、船舶における安全管理システムは、現場で臨機応変に対応できる能力を有する船員に依存せざるを得ない。

7.6.3　小型内航船における船員育成の課題

　内航海運業界では、特に小型内航船船員の高齢化が進み、船員不足が深刻となっている。また、高齢船員の船員災害発生率が高いことを踏まえれば、新たな船員の採用と育成を急ぐ必要がある。さらに、内航船員の働き方改革を進めるためには、十分な休暇と乗船期間の短期化等を行うために船員の予備員率を上昇させる必要があり、一時的に船員不足が進むことは明らかである。すでに有効求人倍率が2倍を超えている状態が続いていることを考慮すると、その影響は、2005年の三法改正による有効求人倍率の上昇（2年間で4倍）よりも影響が大きい可能性もある。

　しかし、ここで問題となるのが、小型内航船しか管理していない事業者が、新規に採用した船員の育成に必要な予備船員室を確保できるかという点である。小型内航船のオーナーは、用船料が長期に亘って低迷する中で、自らの利益を確保するために船員の削減を行い、船舶を新たに建造する際には、船員の居住スペースを削ることにより貨物スペースの拡大を図ってきた（表7.1）。

　よって、ほとんどの小型内航船は、定員外の船員のための予備の船員室が確保されていない、または、予備の船員室が存在したとしても倉庫[26]になっていたり予備員のための部屋になっていたりと、新人船員を育てる環境とはなっていない。

　これに関して、内航未来創造プランで提案された、「499総トン以下の貨物船の居住区域を船員の確保・育成のために拡大することに伴い、509総トンまで増トンした場合でも、船員配乗の基準及び設備に関する一部の安全要件を499総トンと同等とすることの緩和措置」の実現により、船員育成船舶が建造されているところである。船員育成船舶は、総トン数500トン未満の内航船を所有している内航海運業者が、居住区域を拡大し、船員育成のための予備の船員室を増設し易

25 雨宮洋司：「内航海運における船員制度近代化「運動」の課題 ―外航船員制度近代化「運動」からの教訓―」、『海運経済研究』、第35号，pp.109-127，2001年
26 特に小型内航船では、限られた総トン数でより多くの貨物を積載するべく、収納スペースが削られているため、空き部屋などがあるとそこを船員が倉庫代わりに利用する。

表7.1　499総トンクラスの貨物船の載荷重量トン数と実乗組員数

建造時期	載荷重量トン数（トン）	実乗組員数（人）
1960 ～ 1964 年	800 ～ 1,000	13 ～ 16
1965 ～ 1966 年	800 ～ 1,000	10 ～ 12
1967 ～ 1968 年	1,000 ～ 1,200	8 ～ 11
1969 ～ 1971 年	1,100 ～ 1,500	7 ～ 10
1972 ～ 1975 年	1,100 ～ 1,600	7 ～ 9
1976 ～ 1980 年	1,200 ～ 1,600	7 ～ 9
1981 ～ 1990 年	1,500 ～ 1,600	6 ～ 7
1991 ～ 2003 年	1,600 ～ 1,700	5 ～ 6
2003 ～ 2005 年	1,600 ～ 1,800	4 ～ 5
2006 ～ 2015 年	1,600 ～ 1,860	4 ～ 5

出典：2019年版 内航海運データ集[27]

くするためのものである。これに加え基本政策部会の中間とりまとめでは、事務所を居住区として改造することによる船室の確保が提案されている。

　これらの規制緩和措置は、総トン数 500 トン未満の予備船員室を持たない船舶の所有者に対して有効であるものの、他者の船舶に船員を配乗させている内航海運業者や船舶管理事業者などの場合は、配乗先の船舶所有者に対し、船員育成船舶の建造をお願いする必要がある。しかし、自社の船員育成をしない船舶所有者にとっては、直接的に何ら利益にならないため、代替建造や改造をしない可能性が高い。よって、予備の船員室が確保できない事業者は、大型内航船等の予備船員室がある船舶を管理する事業者等に協力を求め、新人船員を育成する必要がある。この際、船員育成を依頼する事業者は、育成する船員を他者の船舶に乗せなければならないため、船員派遣を行うか、在籍出向させる必要がある。しかし、中小零細の内航海運業者は、財務状況が厳しく、船員派遣事業の許可条件を満たすことが難しく、そもそもそのためだけに派遣元責任者を置くほどの陸上要員を

27 内航ジャーナル㈱：「499GT貨物船の重量トンと乗組員」，『2019年版 内航海運 データ集』，CD-ROM，p347，2019年

出典：国土交通省海事局長通達[28]を基に作成

図7.3 在籍出向のイメージ

雇用することは現実的とはいえない。

　一方で、在籍出向とは、出向元事業主と出向先事業主との間の出向契約により、船員が出向元事業主との間に雇用契約関係があるだけでなく、出向船員を出向先事業主に雇用させることを約して行われるものである（図7.3）。

　現在の在籍出向は、船舶管理会社の要件を定める通達において整理されており、親密な関連会社と同一の組合内のみに認められ、主に親密な関連会社との人事交流、技術協力、船員の能力開発の一環等の人事管理の手段として活用されている。このため、資本関係等がない場合、他者の船舶への在籍出向させることができない。しかし、2011年の東日本大震災直後や2020年の新型コロナウイルス感染拡大の状況において、船員配乗が困難となる場合に、特例として資本関係等のない事業者からの在籍出向が認められている。この特例により、これまで特に問題が生じていないことを考慮すると、在籍出向の条件の見直しにより、船員育成を行いやすくする方法が考えられる。

---

28 国土交通省 海事局長：『違法な船員派遣事業又は船員労務供給事業に該当しない船員配乗行為を行うことができる船舶管理会社の要件について』（国海政第157号），2005年

参考文献・URL

畑本郁彦:『内航船の安全管理体制構築に関する研究』,2017年,
    http://www.lib.kobe-u.ac.jp/repository/thesis2/d1/D1007013.pdf

国土交通省 海事局:『内航海運を取り巻く現状及びこれまでの取組み』,
    https://www.mlit.go.jp/common/001296360.pdf

国土交通省 中国運輸局:「船舶職員の乗組みに関する基準」,
    http://wwwtb.mlit.go.jp/chugoku/boat/haijou.html

独立行政法人海技教育機構:「学校紹介」,https://www.jmets.ac.jp/academic/index.html

国土交通省 海事局長:『違法な船員派遣事業又は船員労務供給事業に該当しない船員配乗行為を
    行うことができる船舶管理会社の要件について』(国海政第157号),2005年

特定非営利活動法人 日本船舶管理者協会:「協会の歴史」,『特定非営利活動法人
    日本船舶管理者協会10年間の振り返りと今後の活動について』,2017年

日本船舶管理者協会:『船管協ホームページ』,https://jsms.jimdo.com/

国土交通省 海事局:『内航海運による産業基礎物資輸送を取り巻く状況』,
    https://www.mlit.go.jp/policy/shingikai/content/001314886.pdf

一般社団法人 日本海事代理士会:『船舶職員法及び小型船舶操縦者法ガイダンス』,2018年

全日本海員組合:「組織と主要活動,2.国内部門の活動(国内局-国内部、組織部)」,
    http://www.jsu.or.jp/general/about/sosiki.html

喜多野和明:「わが国内航船員の現状と確保・育成への課題」,『海と安全』,No.534,2007年

森隆行編著:『内航海運』,晃洋書房,2014年

国土交通省:「取り巻く環境(はじめに)」,『内航海運グループ化について＊マニュアル＊』,2008年

佐々木誠治:『内航海運の実態』,海文堂出版,1966年

杉山雅洋:「内航海運をめぐる若干の問題」,『海運経済研究』,第22号,1988年

内航海運研究会:『内航海運研究』,第1号,2012年

国土交通省:『船舶のトン数に係る規制について』,http://www.mlit.go.jp/common/001158266.pdf

首相官邸 総合海洋政策本部:『海洋基本計画』,2013年

国土交通省 海事局:『海事レポート2016』,2016年

日本内航海運組合総連合会:『五十年のあゆみ』,2015年

國領英雄:「現今内航海運の特殊相」,『海事交通研究』,第33集,1989年

内航海運研究会:「船腹調整事業、暫定措置事業の歴史と背景」,『内航海運フォーラムin 博多』,2016年

国土交通省:『内航海運暫定措置事業の収支実績と今後の資金管理計画』,
    http://www.mlit.go.jp/common/001084914.pdf

畑本郁彦・古荘雅生:「内航船員育成のための安全管理に関する研究」、『日本海洋政策学会誌』、
　第5号、2015年

日本内航海運組合総連合会:『平成26年度版内航の活動』、2014年

国土交通省大臣官房 運輸安全監理官:『運輸事業者における安全管理の進め方に関するガイドライン』、2010年

国土交通省大臣官房 運輸安全監理官:『運輸安全マネジメント普及・啓発促進協議会の概要』、
　https://www.mlit.go.jp/report/press/content/001355722.pdf

国土交通省 大臣官房:『運輸安全マネジメント制度の現況について』、2015年

長谷知治:「国内海運に係る運輸の安全確保について」、『日本海洋政策学会誌』、第4号、2014年

畑本郁彦・廣野康平・渕真輝・古荘雅生:「民間六級航海養成講習における社船実習の課題」、
　『日本航海学会講演予稿集』、第3巻、第1号、2015年

中国地方海運組合連合会・特定非営利活動法人日本船舶管理者協会:
　『日本人船員確保・育成に関する学術期間との共同調査研究会研究結果報告書』、2012年5月

特定非営利活動法人 日本船舶管理者協会:「協会の歴史」、
　『特定非営利活動法人 日本船舶管理者協会10年間の振り返りと今後の活動について』、2017年

国土交通省:『船舶管理会社を活用した場合の事業形態』、
　http://wwwtb.mlit.go.jp/kobe/jigyogaiyo.pdf

国土交通省:「船舶管理会社を活用したグループ化」、
　『内航海運グループ化について*マニュアル*』、2008年

国土交通省:「内航海運業における船舶管理サービスの「見える化」を始めます」、
　http://www.mlit.go.jp/report/press/kaiji03_hh_000042.html

国土交通省:『登録船舶管理事業者評価制度の主な方向性について(案)』、
　http://www.mlit.go.jp/common/001293354.pdf

国土交通省:『登録船舶管理事業者評価制度のとりまとめについて(案)』、
　http://www.mlit.go.jp/common/001293355.pdf

国土交通省:『評価項目(チェックリスト)について(案)』、
　http://www.mlit.go.jp/common/001293356.pdf

国土交通省:『第1回 安定・効率輸送協議会 議事概要』、
　http://www.mlit.go.jp/common/001226197.pdf

国土交通省:『安定・効率輸送協議会の構成』、http://www.mlit.go.jp/common/001292831.pdf

国土交通省:『世界最先端IT国家創造宣言・官民データ活用推進基本計画に基づく取組況』、
　高度情報通信ネットワーク社会推進戦略本部(IT総合戦略本部)

国土交通省:『世界最先端IT国家創造宣言・官民データ活用推進基本計画に基づく取組状況』、
　第7回 官民データ活用推進基本計画実行委員会 資料6、2017年

交通政策審議会 海事分科会 海事イノベーション部会:『海事産業の生産性革命の進化のために
　推進すべき取組について 〜平成28年6月3日答申のフォローアップ〜』、2018年

女性船員の確保に向けた女性の視点による検討会:『女性船員の活躍促進に向けた女性の視点による提案』,2018年4月

石田依子:「内航海運業界の男女共同参画推進は可能か?
〜国土交通省による「女性船員の活躍促進に向けた女性の視点による検討会」」,
『NAVIGATION』,第208号,2019年4月

国土交通省海事局:『内航海運の安定的輸送の確保及び生産性向上に係る取組について』,
https://www.mlit.go.jp/common/001318369.pdf

経済産業省・国土国通省:第1回燃料油環境規制対応連絡調整会議,資料2,
『SOx規制の概要と3つの手段』,2017年

交通政策審議会 海事分科会 船員部会:『船員の働き方改革の実現に向けて』,
http://www.mlit.go.jp/maritime/content/001363582.pdf

国土交通省:『(参考資料)船員の働き方・生活の現状』,
http://www.mlit.go.jp/maritime/policy/shinrikai/content/001361950.pdf

国土交通省:『船員の働き方改革の実現に向けて(概要)』,
http://www.mlit.go.jp/maritime/content/001363581.pdf

国土交通省:『労働時間の範囲の明確化、見直し』,
http://www.mlit.go.jp/policy/shingikai/content/001318056.pdf

国土交通省 海事局:『船員部会における検討状況について(内航船員の働き方改革関係)』,
https://www.mlit.go.jp/common/001318368.pdf

国土交通省 海事局:『船員の健康確保に向けて(骨子案)』,
https://www.mlit.go.jp/maritime/content/001363494.pdf

国土交通省 海事局:『船員の健康確保に向けて(案)』,
https://www.mlit.go.jp/maritime/content/001363495.pdf

国土交通省 海事局:『船員の健康確保に向けて(概要)』,
https://www.mlit.go.jp/maritime/content/001368617.pdf

船員の健康確保に関する検討会:『船員の健康確保に向けて』,
https://www.mlit.go.jp/maritime/content/001368618.pdf

国土交通省 海事局:『交通政策審議会 海事分科会(第36回)議事録』,
https://www.mlit.go.jp/policy/shingikai/content/001322050.pdf

国土交通省:『交通政策審議会海事分科会第9回基本政策部会 議事録』,
https://www.mlit.go.jp/common/001318471.pdf

交通政策審議会海事分科会基本政策部会:『令和の時代の内航海運に向けて(中間とりまとめ)』,2020年9月

国土交通省 海事局:『荷主ヒアリングの結果概要』,
https://www.mlit.go.jp/common/001318380.pdf

三木孝幸:「内航海運経営と船舶管理の展望」,『海運』,第992号,2010年

日本内航海運組合総連合会:『令和2年度版 内航海運の活動』,2020年7月

国土交通省 海事局:「登録船舶管理事業者一覧」,

　　https://www.mlit.go.jp/maritime/maritime_tk3_000057.html

国土交通省 海事局:『とりまとめの全体像』,

　　https://www.mlit.go.jp/policy/shingikai/content/001364126.pdf

内航海運新聞社:「9月期建造等申請締切る(内航総連)」,『内航海運新聞』,第2653号,2020年9月28日

鳥居塚崇:「人間を知る」,『日本信頼性学会誌 信頼性』,第36巻,第2号,2014年

船員問題研究会:『現代の海運と船員』,成山堂書店,1987年

国土交通省海事局:『船員法の定員規制について』(平成18年2月7日付 国海働第152号改正),

　　2006年

財団法人 海技振興センター:『次世代の海技者に求められる技能及び資質に関する調査研究

　　最終報告書』,2013年

日本海事センター:「内航海運における安全確保のための船舶管理のあり方について」,

　　『内航船舶管理の効率化及び安全性の向上に関する調査研究報告書』,2010年

公益社団法人 日本海難防止協会:「ある内航タンカーを取り巻く人々と日常を追って」,

　　『海と安全』,第562号,2014年

旗手安男:「船員の立場から」,『輝け!内航海運』,学術出版印刷,1996年

旗手安男:『「潮」の香りに乗せて「心」をつなぐメッセージ』,文芸社,2012年

森山葉子・豊川智之・小林廉毅・井上和男・須山靖男・杉本七七子・三好裕司:「単身赴任者と家族同居者

　　における生活習慣,ストレス状況および健診結果の比較」,『産業衛生学雑誌』,第54巻,2012年

加藤和彦:「船員の船内就労とストレス」,『日本航海学会論文集』,第113号,2005年

海技振興センター:「船員のメンタルヘルスに関するアンケート調査結果報告書のまとめ」,

　　『船員のメンタルヘルスに関するアンケート調査結果報告書』,2019年

竹本孝弘・森勇介・神下大輔:「船員災害ゼロを目指す安全管理」,『航海訓練所 調査研究諸報』,

　　第14号,2006年

久宗周二・福司光成・木村暢夫:「船員の労働災害対策に関する研究」,『日本航海学会論文集』,

　　第127巻,2012年

雨宮洋司:「内航海運における船員制度近代化「運動」の課題 −外航船員制度近代化「運動」からの

　　教訓−」,『海運経済研究』,第35号,2001年

海難審判庁:「機関損傷編」,『内航貨物船海難の分析 乗揚・機関損傷編』,

　　海難分析集No.5 Vol.2,2005年

鈴木暁・古賀昭弘:『現代の内航海運』,成山堂書店,2007年

雨宮洋司:「商船学の基礎とその社会的適用」,『海事産業研究所報』,No.386,1998年

内航ジャーナル:「499GT貨物船の重量トンと乗組員」,『2019年版 内航海運 データ集』,

　　CD-ROM,2019年

あとがき

　2020 年、新型コロナウイルスの影響は日本にも及び、WHO の発表では世界で 7,000 万人の感染と 160 万人以上の死亡が報告されている（2020 年 12 月 13 日時点）。内航海運業界においても鉄鋼関係を中心に輸送量が大幅に減少し、オペレーターによる返船、計画的な係船、用船料カット等により、貸渡事業者・船舶管理事業者等に先行きの見えない不安が広がっている。

　このような状況の中、2020 年夏ごろに取りまとめが行われる予定であった船員部会による「内航船員の働き方改革」、船員の健康確保に関する検討会による「健康な船内環境づくり」、基本政策部会による「内航海運業界の荷主企業との取引環境の改善や、内航海運暫定措置事業終了後のあり方」の議論が遅れ、9 月になってようやくその方向性が示されたところである。本書においても、基本政策部会や船員部会のとりまとめ内容を含んだ形で再編集して出版となった。

　今回の新型コロナウイルス感染拡大により、世界の経済活動様式や、我々の生活様式も大きく変わるであろう。しかし、内航海運が今後の国内貨物輸送における重要な役割を担うことは変わらない。今後、新型コロナウイルス感染拡大下及び収束後の環境下に合わせて、内航海運業界及び荷主を含む関係者が一丸となり、内航船員の働き方改革などの諸課題に取り組んでいく必要があることを申し添え、本書のあとがきとしたい。

　最後に、本書のベースとなった『内航船の安全管理体制構築に関する研究』の執筆に際しては、内航海運業界関係者の方々からご教示を頂き、さらに今回も本書執筆に当たって、多くのデータをご提供して頂いた。紙面を借りて皆様に感謝を申し上げたい。そして、新型コロナウイルス感染拡大の中で不自由な編集環境で編集して頂いた株式会社成山堂書店のスタッフの皆様に厚くお礼申し上げる。

　2021 年 1 月

畑本　郁彦

古荘　雅生

索　　引

〔ワ〕

著 者 略 歴

畑本 郁彦　はたもと ふみひろ

1990(H2)年 広島商船高等専門学校機関科卒業。1990(H2)年 川崎汽船株式会社
(外航船員)。1997(H9)年 株式会社 海洋総合技研(海事コンサルト)。2000(H12)
年 広島大学工学部第一類(機械系)卒業。2008(H20)年 株式会社 海総研テクノ
フィールド(代表取締役)。2010(H22)年 株式会社 共和産商(外航船工務監督)。
2012(H24)年 株式会社 三原汽船(内航船・近海船船員)。2014(H26)年 神戸大学
大学院海事科学研究科 博士前期課程修了。2015(H27)年 成進海運株式会社(内
航船員)。2017(H29)年 神戸大学大学院海事科学研究科 博士後期課程修了。2019
(R1)年より現在 日本内航海運組合総連合会(職員)。

2006(H18)～2019(H31)年 特定非営利活動法人 日本船舶管理者協会(事務局
長・理事・技術顧問等)。2018(H30)～2019(H31)年 一般社団法人 海洋共育センター
(特別顧問)。

博士(海事科学)・一級海技士(機関)・二級海技士(航海)・三級海技士(電子通信)・
海事補佐人。

古荘 雅生　ふるしょう まさお

1978(S53)年 神戸商船大学商船学部航海学科卒業。運輸省(現国土交通省)航海
訓練所(現海技教育機構)練習船教官、海技大学校助教授

1992(H4)年　神戸商船大学助教授、1995年神戸商船大学 附属練習船深江丸船
長、2003(H15)年　神戸商船大学教授。2004(H16)年　神戸大学との統合、
神戸大学　大学院　海事科学研究科　教授

公益社団法人　日本航海学会　会長・副会長(2012～2018)

一般社団法人　照明学会　副会長・監事(2015～2019)

船舶安全学、見張り・航海視環境、海上交通心理学、シーマンシップ。

博士(心理学)・一級海技士(航海)。

ないこうかいうんがいろん
内航海運概論

定価はカバーに
表示してあります。

2021年1月28日　　初版発行

著　者	畑本郁彦　古莊雅生
発行者	小川典子
印　刷	株式会社シナノ
製　本	東京美術紙工協業組合

発行所　株式会社 成山堂書店

〒160-0012　東京都新宿区南元町4番51　成山堂ビル
TEL : 03（3357）5861　FAX : 03（3357）5867
URL　http://www.seizando.jp

落丁・乱丁本はお取り換えいたしますので、小社営業チーム宛てにお送りください。